안드로메다에서 찾아온 1
과학개념

안드로메다에서 찾아온 과학개념 1

1판 1쇄 발행 2013년 7월 10일
1판 2쇄 발행 2015년 3월 30일

글쓴이 김진욱
그린이 조국희
펴낸이 이경민

편집 박희정
디자인 최은영
관리 성형신

펴낸곳 (주)동아엠앤비
출판등록 2014년 3월 28일(제25100-2014-000025호)
주소 (120-837) 서울특별시 서대문구 충정로 35-17 인촌빌딩 1층
전화 (편집) 02-392-6901 (마케팅) 02-392-6900
팩스 02-392-6902
이메일 damnb0401@nate.com
홈페이지 www.dongaScience.com

ISBN 978-89-6286-135-8 (64400)

※ 책 가격은 뒤표지에 있습니다.
※ 잘못된 책은 바꿔 드립니다.

과학동아북스

과학동아북스는 (주)동아사이언스의 출판 브랜드로
(주)동아엠앤비가 사용권을 갖고 있습니다.

안드로메다에서 찾아온 과학개념 1

배달 개념

물체와 물질, 빛과 그림자

글쓴이 **김진욱** 그린이 **조국희**

과학동아북스

추천하는 말

소금을 그릇에 담으면 모양이 변하는데 왜 액체가 아닐까?

달빛은 밝은데 왜 달은 왜 광원이 아닐까?

용암과 마그마의 차이는 무엇일까?

과학을 공부하다 보면 누구나 한 번쯤은 위와 같은 궁금증을 가져봤을 거예요. 교과서나 참고서에 나온 용어 풀이를 보면서 궁금증을 속 시원히 해결할 수 있다면 좋지만 그렇지 않은 경우도 많아요. 용어를 외우기에만 급급해 그 원리를 이해하지 못하고 금방 잊어버리고 말지요.

하지만 과학은 우리 생활과 가장 관련이 깊은 과목이에요. 맛있는 찌개가 펄펄 끓는 데는 열 전달의 원리가, 손 그림자로 커다란 동물을 만들 수 있는 데는 빛과 그림자의 원리가, 냉장고에 척척 달라붙는 쿠폰에는 자석의 원리가 숨어 있지요. 과학은 우리가 살아가는데 필요한 기본 지식과 능력을 습득하고 창의적으로 일상생활을 할 수 있도록 도와주어요. 하지만 교과서에는 어린이들이 이해하기에 복잡하고 어려워 보이는 개념들이 많아서 시험을 칠 때마다 곤란을 겪는 과목 중의 하나입니다.

「안드로메다에서 찾아온 과학 개념」은 어렵고 골치 아픈 과학 교과서 속 개념을 저 멀리 우주에 있는 안드로메다로 날려 보낸 지구 어린이들의 이야기로 시작됩니다. 바로 나의 이야기이면서 내 친구의 이야기이기도 하지요.

이 책에는 개념을 다시 주인에게 돌려주기 위해 지구를 찾아온 안드로메다 특수 요원 아작과 메타가 등장합니다. 그리고 개념을 가로채 지구를 위험에 빠뜨리고 우주를 정복하려는 악당 원팍과 투팍 형제가 펼치는 좌충우돌 무용담(?)이 담겨 있습니다. 어린이들은 책을 읽으면서 골치 아픈 개념을 날려 보낸 어린이도 되었다가 안드로메다의 아작과 메타 요원도 되어 보고, 때로는 우주 악당도 되어서 깔깔깔 웃으며 신 나고 재미있게 과학 교과의 중요한 개념들을 익히게 될 거예요.

이 시리즈는 어린이들이 스스로 탐구하며 배우는 학습력을 키워 주고, 학부모에게도 자녀의 과학 공부에 도움을 주는 지침서가 될 것입니다.

기획 위원 이희란, 노영란

글쓴이의 말

왜 사람들은 개념을 안드로메다로 보낸다고 표현할까요?

가까운 산이나, 바다도 아니고 무려 230만 광년이나 떨어진 안드로메다 은하로 말이죠. 글을 쓰기 전, 먼저 이 질문에 대해 한참을 고민했습니다. 개념은 일반적으로 어떤 사물에 대한 뜻이나 내용을 가리켜요. 이렇듯 기본적으로 알고 있어야 하는 개념을 도저히 되찾아 올 수도 없는 멀고 먼 곳으로 보내 버렸다는 의미겠지요.

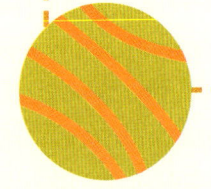

이 책에 등장하는 아이들은 어느 날 택배 상자를 들고 자신들을 찾아온 안드로메다 특수 요원들을 만나요. 택배 상자 안에는 안에는 아이들이 안드로메다로 보내 버린 개념을 담은 큐브가 들어 있습니다. 하지만 그 개념 큐브를 노리는 우주 악당도 있습니다. 악당은 개념 큐브로 만든 바이러스로 지구를 혼란 속에 빠뜨리려고 하지요. 처음에 아이들은 개념을 찾는 일에 시큰둥하다가 우주 악당과 대결하면서 자신 앞에 놓였던 고민들까지 해결되는 기쁨과 감동을 맛보지요.

학습 개념을 설명하는 건 어렵지 않습니다. 하지만 그 개념을 제대로 이해하는 것은 어렵습니다. 이 책에서는 억지로 개념을 외우게 하지도, 설명식으로 풀어 놓지도 않았습니다. 대신 관련 개념으로 펼쳐진 상황 속으로 들어가 그 안에서 신 나는 모험을 즐길 수 있도록 했습니다. 개념과 놀며 자연스레 이해하는 것에 중점을 둔 것입니다.

밤하늘의 별들을 가만히 보세요. 그 가운데 안드로메다 은하에서 유난히 반짝거리는 별이 있을 겁니다. 미래의 어느 날, 그 별에 살고 있는 안드로메다 요원들이 개념들을 잔뜩 싣고 여러분을 찾아올지도 모르는 일입니다. 그럴 때면 넙죽 받지 마시고 책 속의 아이들처럼 한 번쯤 튕겨 보세요. 그리고 함께 신 나는 모험을 해 보세요. 상상만으로도 즐겁지 않나요?

글을 쓰는 동안 내 발은 지구의 땅에 붙어 있었지만, 머리는 안드로메다에 가 있었습니다. 어쩌면 외계인이 한 명씩 방문해서 돌려주기 귀찮으니 나에게 찾아왔을지도 모르는 일이지요. 더 많은 친구들이 책으로 재미있게 개념 공부를 할 수 있다면, 언제든지 안드로메다 인에게 내 머리를 빌려 줄 거예요.

좋은 책이 나올 수 있도록 힘껏 도와주신 초등학교, 중학교 선생님들께 감사드립니다.

김진욱

차 례

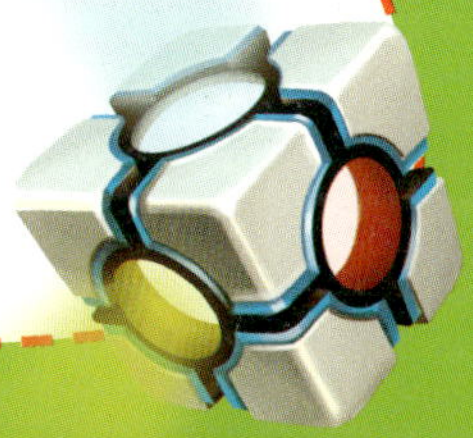

주요 등장 인물

아작 메타

아작&메타

안드로메다 국왕 직속 개념 배달 특수 요원.

냉철하고 차분한 메타와 다혈질에 힘이 센 아작은 환상의 콤비를 보이며 지구 아이들에게 개념을 배달한다.

원팍 투팍

원팍&투팍 형제

개념 큐브 전문 털이범.

우주 정복을 위해 전 행성을 황폐화시키려는 야망이 있다. 이번에는 지구를 멸망시키기 위해 감옥에서 탈출한다.

다맹글어 박사

화성에 사는 우주 최고 천재이자 악당 과학자.

지구에 다양한 물질이 있다는 것을 알고 새 발명품을 만들기 위해 투팍과 함께 지구로 내려간다.

나호킹, 홍현귀

과학 개념을 안드로메다로 보내 버린 지구 아이들

나호킹

홍현귀

화이트 큐브, 블랙 큐브, 개념 원구

특수 요원은 화이트 큐브에 원구 모양의 개념을 넣어 아이들에게 전달한다. 아이들이 개념을 떠올릴 때마다 큐브의 한쪽 면에 불이 들어오고 개념이 모두 돌아왔을 때 비로소 큐브 뚜껑이 열리며 아이들에게 되돌아간다. 하지만 원팍, 투팍 형제가 가지고 있는 블랙 큐브에 개념 원구가 담기면 세상을 어지럽히는 바이러스를 만들어 낼 수 있다.

지금까지의 이야기

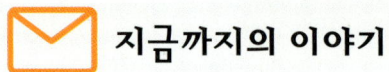

옛날 옛적 화성은 문명의 전성기를 누리고 있었다. 하지만, 문명이 발달하면서 알아야 할 개념이 점점 늘어나자 화성의 아이들은 개념을 하나둘씩 안드로메다로 보내기 시작했다. 오랜 시간이 흘러 무개념 화성인들로 가득 찬 화성은 쇠퇴의 길을 걸었고 지금은 화성인들의 살았던 흔적조차 찾을 수 없게 되었다.

그 불행한 역사는 지구에서 되풀이되고 있었다. 안드로메다에서는 지구 아이들이 보낸 개념 때문에 우편 업무가 마비되는 비상사태가 일어난다. 안드로메다 국왕은 우주의 평화를 위해 사고뭉치 실력파 메타와 아작 요원을 지구로 파견한다. 그들의 임무는 지구 아이들에게 개념을 안전하게 되돌려 주는 것! 우주 악당 원팍과 투팍 형제의 방해 공작에도 사회 개념을 안전하게 배달 완료한 아작과 메타에게 또 다른 임무가 기다리고 있었는데…….

1장 새로운 물질을 찾아 지구로!

과학 개념을 배달하라

◎◎◎ 안드로메다 특수 요원들이 지구로 내려가 개념 배달 임무를 수행한 지 꽤 오랜 시간이 흘렀다. 국왕은 한참 동안 소식을 전하지 않는 요원들이 어떻게 지내는지, 배달은 잘하고 있는지 궁금했다. 국왕은 특수 요원 호출 전용 버튼을 누르며 명령했다.

"아작과 메타 요원을 연결해!"

잠시 후 파란 빛이 감도는 통신용 홀로그램이 떠올랐다. 홀로그램에는 바닷가에서 수영복 차림으로 신 나게 놀고 있는 아작과 메타의 모습이 비췄다. 둘이서 연인 사이라도 되는 듯 앞서거니 뒤서거니 뛰어다니는 모습이 가관이었다.

"얼씨구, 잘들 놀고 있구먼?"

국왕은 혀를 끌끌 찬 뒤 목을 가다듬고 버럭 소리를 질렀다.

"지금 일 안 하고 뭐하는 건가!"

두 요원은 깜짝 놀라 어디서 들려온 소리인지 찾으려 두리번거렸다. 그때 메타 손목의 슈퍼컴에서 통신용 홀로그램으로 국왕의 모습이 나타났다. 아작과 메타는 당황하며 경례를 했다.

"추, 충성! 일을 너무 많이 해서 좀 쉬, 쉬고 있었습니다!"

메타가 더듬거리며 변명했다.

"개념 배달은 다 끝내고 쉬는 건가?"

"에이, 저희가 무슨 초능력자도 아닌데 그렇게 많은 일을 어떻게 벌써 끝내요?"

아작이 뺀질거리며 대답했다.

"흠, 그런데도 놀고 있었단 말이지?"

홀로그램 속 국왕은 펜을 들어 뭔가를 적기 시작했다.

특수 요원 평가표

평가 내용 : 일은 안 하고 땡땡이 치고 있음

국왕이 나쁜 평가를 적는 것 같자 요원들의 표정은 하얗게 질렸다.

"억울합니다! 국왕님께서 지구의 초등학생들을 상대해 보십시오. 이건 보통 힘든 임무가 아니라고요."

당황한 아작의 목소리가 커졌다.

"그럼 다시 안드로메다로 돌아올래? 지구에는 다른 요원들을 보낼 테니."

"네?"

아작과 메타는 동시에 서로 바라보았다. 일이 쉽지는 않았지만 아이들에게 개념을 돌려줄 때마다 큰 보람을 느꼈다. 특히 지난번 '가족과 성 역할'이

라는 사회 개념을 길동이에게 돌려줄 때에는 가족 간의 믿음과 사랑을 동시에 선물했다는 기쁨에 뿌듯했다. 무엇보다 지구 생활을 포기할 수 없는 이유는 바로 음식이었다. 지구의 음식은 안드로메다와 비교가 안 될 정도로 정말 맛있었다. 그중에서도 교통 개념 배달을 위해 제주도에 갔다가 먹은 흑돼지 구이는 일품이었다. 아작과 메타는 지구에 좀 더 있고 싶었다. 아작은 살짝 기가 죽은 얼굴로 국왕에게 답했다.

"그건 아니고요……."

국왕은 큭큭 터져 나오려는 웃음을 참았다. 늘 큰소리치던 아작이 큰 덩치에 어울리지 않게 주눅 든 모습이 귀엽기까지 했다. 사실 국왕은 요원들이 안드로메다로 돌아온다고 할까봐 조마조마했다. 특수 요원 중에 아작과 메타만큼 일을 믿고 맡길 만한 유능한 요원도 없기 때문이다. 국왕은 근엄한 표정을 지으며 말했다.

"지금까진 사회 관련 개념만 전달했더군?"

"네. 기본적인 생활에 필요한 상식을 돌려주는 것이 제일 급해 보여서요."

"사회 개념도 중요하지만 과학 개념도 중요해. 지구 초등학생들이 과학 개념을 다 우주로 보내 버리면 지구의 기초 과학이 무너져 원시 시대로 돌아갈지도 몰라."

맞는 말이었다. 메타는 다부진 표정으로 힘차게 대답했다.

"네! 과학 개념도 아이들에게 빨리 돌려주도록 하겠습니다!"

그때 국왕은 한 가지 궁금한 것이 문득 떠올랐다.

"그나저나 우주 악당 원팍과 투팍 형제는 어떻게 되었나?"

메타가 슬며시 미소를 지으며 말했다.

"우주로 쓩 날아갔습니다."

"날아가다니? 도망쳤단 말이냐?"

"흐흐흐, 말 그대로 날아갔어요. 아마 지금쯤 우주의 먼지가 되었을 겁니다."

원팍과 투팍의 고장 난 우주선이 우주를 향해 치솟던 모습이 떠올라 아작이 킥킥대며 말을 이었다. 국왕이 고개를 갸우뚱했다.

"아무튼 지금 지구에는 없다는 말이지?"

아작이 고개를 끄덕였다.

"그럼 개념 배달을 방해할 우주 악당도 없으니 일을 서둘러 진행하도록!"

"걱정 마십시오!"

아작과 메타가 이번에는 제대로 자세를 취한 뒤 멋지게 경례를 했다. 국왕은 두 요원이 아주 듬직하다는 표정으로 경례를 받았다.

지구로 향해 출발

◎◎◎ 화성의 북반구 사이도니아 지역의 바위산 인근.

"누가 우리 이야기를 하나? 귀가 왜 이리 가려워!"

원팍과 투팍은 동시에 귀를 후볐다. 우주 먼지가 되었을 거라는 건 안드로메다 요원들의 헛된 바람일 뿐, 원팍과 투팍은 멀쩡히 살아 있었다. 고장 난 우주선은 화성까지 날아가 다맹글어 박사의 비밀 기지 뒷마당에 불시착했는데, 그 뒤 두 악당은 다맹글어 박사에게 얹혀살고 있었다.

다맹글어 박사는 우주 최강 발명가이자 악당이었다. 박사가 맘만 먹으면 못 만드는 것이 없다는 소문이 온 우주에 자자했다. 투팍은 번개를 맞은 것처럼 머리카락이 삐죽빼죽한 다맹글어 박사를 졸졸 따라다니며 애교 섞인 콧소리를 내고 있었다.

"다맹글어 박사님~ 제발 만들어 주세용~"

하지만 박사는 아무 소리도 들리지 않는다는 듯 자기 할 일만 하고 있었다. 형 원팍은 소파에 비스듬히 앉아 콧구멍를 후비적거리며 그 모습을 지켜보고 있었다.

"제발, 제발요……."

계속되는 애원에 박사가 뒤로 휙 돌아 투팍을 노려보았다.

"아, 글쎄 못 만든다니까! 아니, 만들어 주고 싶어도 못 만들어 준다니까!"

벌써 101번째 거절이었다. 계속되는 거절에 투팍은 풀이 팍 죽었다.

"거 봐라, 다맹글어 박사님은 아무한테나 뭘 만들어 주시는 분이 아니야."

콧구멍을 후비적거리던 원팍은 코딱지를 후 불면서 말했다.

"나같이 능력 있는 악당에게만 만들어 주시는 분이지."

원팍은 품 안에서 신형 블랙 큐브를 꺼내더니 자랑하듯 말했다. 예전에 박사가 만들어 준 물건이었다. 투팍은 그런 원팍을 보고 박사에게 따지듯 물었다.

"박사님, 형한테는 저렇게 멋진 최첨단 장치를 만들어 주셨잖아요. 왜 제 부탁은 안 들어주시는 거예요. 정말 섭섭해요!"

다맹글어 박사는 투팍을 보며 답답하다는 듯 답했다.

"원팍에게 만들어 준 신형 블랙 큐브는 여기 화성에 있는 물질로 만들 수 있어. 하지만 네가 지금 만들어 달라고 조르는 게 뭐냐?"

박사의 말에 투팍이 당당하게 말했다.

"초울트라 신형 우주선이요!"

"우주선을 만드는 데 얼마나 많은 물질이 필요한 지 알기나 해?"

"저야 모르죠."

투팍은 당당하게 대답했다.

"자랑이다! 그저 못된 일을 꾸미는 데만 머리가 팍팍 돌아가지. 쯧쯧……. 아무튼 우주선을 만들려면 엄청 다양한 물질이, 그것도 아주 많이 필요하다는 것만 알아 둬! 화성에 있는 물질로는 턱없이 부족해서 만들고 싶어도 만들 수가 없어."

그 말에 원팍이 대수롭지 않다는 듯 말했다.

"에이, 우주선 그 까짓것 대충 만들어 주면 되잖아요. 투팍이 맘에 안 들어서 만들어 주기 싫으신거면 그냥 그렇다고 하세요."

다맹글어 박사가 원팍을 한심한 얼굴로 바라보았다.

"너는 우주선을 만드는 데 필요한 물질이 뭔지 알기나 하는 거냐?"

"당연히 모르죠. 그런 건 박사님만 알면 되는 거 아닌가요?"

원팍은 가슴을 내밀며 당당하게 말했다.

"내가 이 녀석들과 계속 이야기하다간 고혈압으로 쓰러지고 말거야. 아이고 머리야……."

다맹글어 박사는 머리를 감싸 쥐며 중얼거렸다. 투팍은 뻔뻔한 형이 창피해서 얼굴이 달아올랐다. 박사는 체념한 목소리로 말했다.

"우주선이라는 물체를 만들려면 재료가 있어야 하고 이 말은 곧 재료가 되는 물질이 필요하다는 뜻이야. 그런데 화성에 있는 물질만으로는 턱없이 부족해."

"물질? 그게 뭐예요? 먹는 거예요? 새로 나온 음료수 이름인가?"

박사는 원팍이 먹는 이야기인 줄 알고 눈을 크게 뜨고는 한심한 질문을 늘어놓자 고개를 저으며 말을 이었다.

"물체를 만드는 재료를 물질이라고 해. 우주선은 물체이고, 그 우주선을 구성하고 있는 재료를 물질이라고 하는 거야. 그러니까 우리가 우주선을 만들려면 물질이 필요하지!"

박사는 심호흡을 한 뒤 말을 이었다.

"우주선 본체를 만들기 위해선 세라믹과 알루미늄이 필요하고 계기판에는 특수 플라스틱과 유리가 필요해. 네가 원하는 초울트라 신형 우주선에는 대략 2000개가 넘는 물질이 필요한데 화성에서 구할 수 있는 건 1000가지 정도 밖에 안 돼."

한참을 이야기하던 박사는 멍한 표정을 짓고 있는 두 형제를 돌아보고는 다시 혀를 끌끌 차며 실험실 밖으로 나갔다. 박사가 나가자 원팍이 투팍에게 다가가 은밀히 말했다.

"싸랑하는 동생아, 우주선은 그냥 포기하고 우리 둘이 지구로 갈 수 있는 다른 방법을 찾아보자, 응?"

투팍은 미간을 찌푸리며 원팍을 바라보았다.

'지금 누구 때문에 이 고생을 하는 건데…….'

그래도 혹시나 하는 마음에 투팍이 물었다.

"지구로 갈 수 있는 방법이 또 뭐가 있는데? 우리 우주선은 완전히 망가졌잖아."

그 말에 원팍이 더듬거리며 말을 했다.

"음, 뭐……, 지나가는 운석이라도 타고 가면 되지 않을까? 지구행 운석 말이야."

"헐, 운석에 지구행이라고 누가 써 놓기라도 한대?!"

투팍은 더 이상 말 섞기도 싫다는 듯 몸을 쌩 돌려 밖으로 나갔다. 형과 더 이상 사이좋게 지내기는 틀렸다는 생각이 들었다.

비밀 기지 밖에서는 다맹글어 박사가 등을 돌린 채 십자 드라이버를 들고 뭔가를 분해하려 하고 있었다. 박사 앞에는 바퀴가 달리고 묘하게 생긴 로봇이 있었다.

"그게 뭐에요?"

투팍이 가까이 다가가 물었다. 다맹글어 박사는 손에 들고 있던 십자 드라이버를 내려놓으며 답했다.

"얼마 전에 화성에 뚝 떨어진 로봇이야. 혼자 여기저기 돌아다니면서 사진도 찍고 흙도 채취하고 있더라고. 그래서 냉큼 가져와서 어떤 물질로 만들었는지 분석중이지. 이것 봐, 꽤 재미난 물질들이 쓰였다니까?"

"그래요? 어디 좀 봐요."

투팍은 다맹글어 박사 앞에 있는 희한하게 생긴 로봇을 자세히 살펴보았다. 뒷면에 작은 글자가 적혀 있었다.

Curiosity. made in USA

"큐리오시티? 어, 이거 지구에서 보낸 로봇 같은데요?"

투팍이 로봇을 이리저리 둘러보며 말했다.

"그래?"

다맹글어 박사가 깜짝 놀라 대답했다.

"지구인이 왜 화성으로 로봇을 보내?"

"지구에 가 보니 우주 개발 열기가 대단하더라고요. 한국이라는 나라도 나로호라는 우주선 발사를 성공시켰고요. 지구인들이 화성으로 진출하려고 로봇부터 답사를 보냈나 봐요."

"그래……?"

다맹글어 박사는 턱에 손을 괴고 곰곰이 생각에 잠겼다. 지구에서 화성으로 로봇을 보냈다고 생각하니 머리가 복잡해진 모양이었다. 그 모습을 보자 투팍의 머리에 박사를 설득할 좋은 방도가 떠올랐다. 투팍은 최대한 다급한 표정을 지으며 외쳤다.

"박사님, 화성이 위험해요!"

"뭐라고?!"

그 소리에 놀란 박사가 주변을 두리번거렸다. 아무것도 보이지 않자 박사가 투팍을 돌아보며 재빨리 물었다.

"그게 무슨 소리냐? 화성이 위험하다니!"

박사가 자신의 속임수에 넘어오는 것 같자 투팍은 이번엔 목소리를 낮추어 박사의 귀에 대고 속삭였다.

"지구인들이 화성으로 진출하면 분명히 이곳을 식민지로 삼으려고 할 거에요. 그럼 박사님은 포로로 잡혀갈 테고 이 기지도 지구인들이 접수를 할 거라고요."

"화성이 지구 식민지가 된다고? 지구인들 그렇게 안 봤는데. 허 참……."

다맹글어 박사는 깜짝 놀랐다.

"그래서 제가 지구를 멸망시키려고 하는 거라니까요. 우주의 평화를 위해!"

투팍이 흥분해서 말을 이었다.

"자, 화성을 둘러보세요. 아무도 없는 고요하고 깔끔한 화성! 그런데 여기에 지구인들이 와서 건물을 짓는답시고 땅을 파고 공사를 하면 화성이 얼마나 지저분해지고 시끄러워지겠어요? 지구인들이 화성에 오기 전에 우리가 선수를 쳐야 해요!"

"흠……. 일리가 있는 말이야. 당장 지구로 가 봐야겠어."

화성 탐사 로봇 큐리오시티를 보며 다맹글어 박사는 심각한 표정으로 말했다. 박사의 말에 투팍은 속으로 야호! 소리쳤다.

"저 로봇 표면에 반짝거리는 거 보이세요? 어떤 물질로 만든 건지 궁금하시죠?"

다맹글어 박사는 고개를 끄덕였다.

"화성에선 못 보던 건데……. 자넨 알고 있나?"

"저야 모르죠! 박사님도 모르는데 제가 어떻게……, 아호호홍홍!"

투팍은 신이 나서 설명을 계속했다.

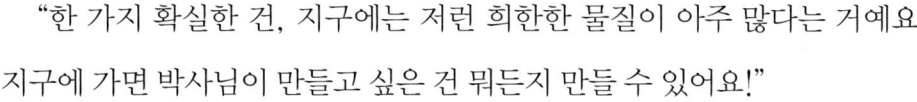

"한 가지 확실한 건, 지구에는 저런 희한한 물질이 아주 많다는 거예요. 지구에 가면 박사님이 만들고 싶은 건 뭐든지 만들 수 있어요!"

투팍이 침을 팍팍 튀겨가며 이야기할수록 다맹글어 박사의 눈빛이 점점 진지해졌다.

"정말 화성에서 볼 수 없는 물질이 많단 말이지?"

"네. 지구에 가서 땅을 파면 철도 나오고 텅스텐도 나오고 석탄도 나오고 두더지도 나오고……, 아, 이건 아니지. 아무튼 온갖 물질이 다 나와요!"

"그래서 지구인들이 저런 로봇을 만들 수 있었단 말이고. 그렇지?"

투팍이 고개를 끄덕였다. 갑자기 박사가 옷자락을 휘날리며 자신의 비밀 기지로 향했다.

"어디 가세요?"

투팍이 어리둥절하며 묻자 박사가 외쳤다.

"기지 아래 지하 비밀 창고에 숨겨둔 우주선이 있어. 속도가 엄청난 녀석이야. 하루 만에 지구에 도착할 수 있을 거다."

"오, 정말요?"

투팍은 박사의 뒤를 신 나게 쫓아갔다. 그때 문득 원팍 형이 떠올랐다. 항상 도망치기만 하고 별 도움도 안 되는 형과 같이 가기 싫었다

"박사님, 잠시만요!"

투팍이 박사를 불러 세웠다. 그리고 중요한 비밀 얘기를 하는 것처럼 귀에다 대고 속삭였다.

"요새 원팍 형이 우주선 멀미가 심해져서 우리 둘만 지구에 가는 게 좋을

것 같아요. 잘못했다간 박사님 우주선에 토할지도 모른다고요."

다맹글어 박사의 기지 안 소파에서 꾸벅꾸벅 졸고 있던 원팍은 툭 튀어나온 배를 쓰다듬으며 주위를 두리번거렸다.

"뭐 먹을 게 없나? 오늘따라 통돼지 구이가 먹고 싶은데……."

원팍이 콧구멍을 벌름거리며 먹을 것을 찾아 여기저기 뒤적거리고 있을 때였다.

우우우우웅웅-

갑자기 연구실 바닥에서 진동이 느껴졌다. 진동은 이내 점점 커졌다. 원팍은 주변을 둘러보며 중얼거렸다.

"이게 무슨 일이지? 지진이라도 났나? 그런데 투팍 이 녀석은 어디로 간 거야……."

그때였다.

콰광!

엄청난 굉음과 함께 연구실 바닥이 양쪽으로 쫙 갈라졌다.

"으아악!"

중심을 잃고 쓰러진 원팍은 간신히 갈라진 바닥 끝을 한 손으로 잡고 매달렸다.

쿠구구궁!

진동과 소리가 더 강해졌다. 아래쪽을 내려다본 원팍의 눈이 튀어나올 듯 커졌다. 연구실 지하에서 커다란 우주선 한 대가 솟아오르고 있었던 것이다.

"헉, 저건 뭐야!?"

원팍의 눈앞을 스윽 지나는 우주선의 창문으로 동생 투팍과 다맹글어 박사가 보였다. 투팍은 원팍에게 잘 있으라는 듯이 손을 흔들고 있었다. 게다가 뭐가 그리 좋은지 입을 크게 벌리고 웃고 있었다. 아호호홍홍 거리는 얄미운 웃음소리가 들리는 듯했다. 원팍이 큰소리로 외쳤다.

"나만 두고 어디 가는 거야? 나도 같이 가!"

그러나 원팍의 외침은 우주선이 날아오르는 굉음에 묻혀 투팍과 박사에게 들리지 않았다. 지하에서 솟아오른 우주선의 배기구에서 갑자기 쾅 하는 굉음과 함께 불꽃이 터져 나왔다.

"앗, 뜨거! 뜨거!"

피할 틈도 없이 원팍은 그 불꽃을 고스란히 온몸으로 맞았다. 우주선은 엄청난 속도로 우주를 향해 날아올랐다. 갈라진 바닥 사이에 대롱대롱 매달려 있던 원팍은 처량한 표정으로 점처럼 작아진 우주선을 바라보았다.

"나도 데려가……."

허무하게 중얼거리던 원팍의 코에 맛있는 냄새가 났다. 킁킁! 코를 발름거리며 냄새가 나는 곳을 찾던 원팍이 반색하며 외쳤다.

"오, 이건 내가 찾던 통돼지 구이 냄새인데? 싸랑하는 동생이 남긴 선물이구나!"

투팍이 마지막 선물로 통돼지 구이라도 해놓고 간 것이라 기대한 원팍은 낑낑대며 매달려 있던 곳에서 올라왔다. 맛있는 음식을 생각하니 힘이 번쩍 났다.

"어디 숨어 있을까나? 후후."

다맹글어 박사의 연구소는 죄다 파괴되어 아수라장이 되어 버렸다. 두리번거리며 통돼지 구이를 찾던 원팍의 눈에 거울이 보였다. 거기에는 새까맣게 탄 무엇인가가 비춰 보였다.

"엥? 저건 뭐야?"

궁금증은 이내 풀렸다. 우주선의 불꽃에 시커멓게 그을린 뚱뚱한 자신이 거울을 바라보고 있었던 것이다.

"내가 바로 통돼지 구이였구나, 흑!"

원팍은 혼자 중얼거렸다.

"나 혼자 두고 간 거야? 이 넓은 화성에?"

그때였다. 윙윙 소리가 나더니 박사가 분석하려던 화성 탐사 로봇 큐리오시티가 원팍에게 다가왔다.

"그래, 난 혼자가 아니야. 너라도 있으니 다행이다!"

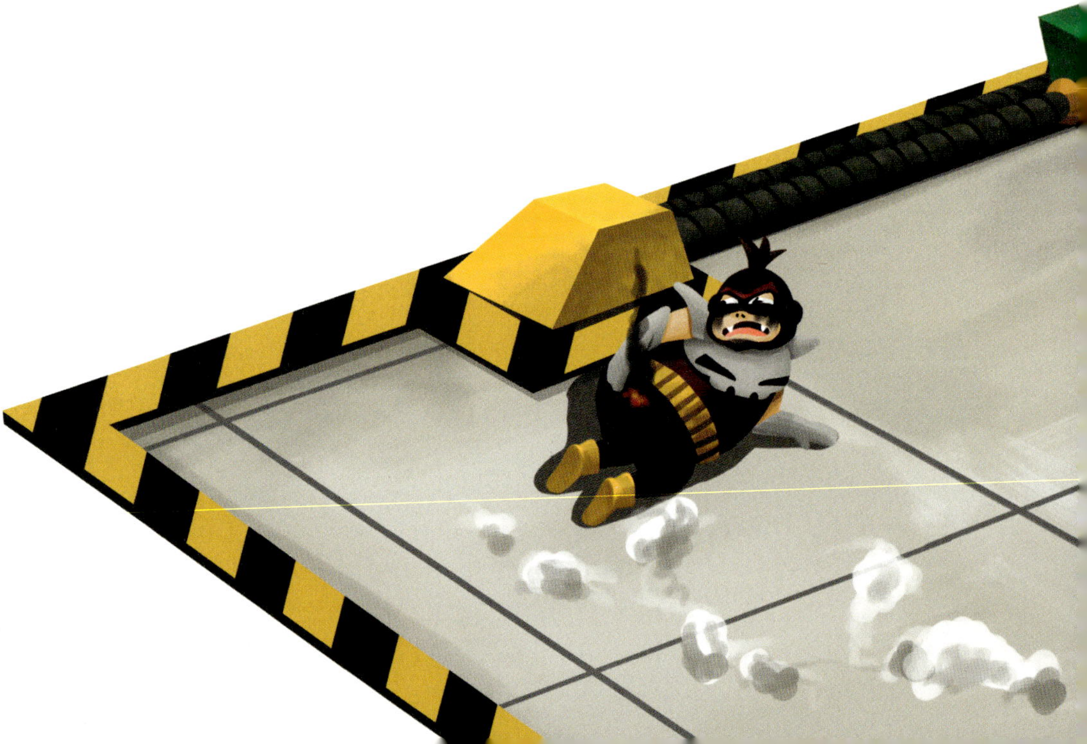

원팍은 로봇을 꽉 끌어안았다. 순간 로봇에서 찰칵 하는 소리가 났다. 원팍의 모습이 찍힌 사진은 지구의 NASA(미국 항공 우주국)에 전송되었다. 다음 날 지구의 뉴욕 타임즈를 비롯한 많은 신문에는 대문짝만 한 기사가 실렸다.

큐리오시티, 화성에서 생명체를 발견하다!

얼마 후, 신문에는 또 다른 특종 사건이 실리고 있었다. 전 세계 과학자들이 하나둘 실종되기 시작한 것이다. 실종된 과학자들의 공통점은 새로운 물질을 연구하고 있었다는 점과 사라질 때 눈부신 빛이 번쩍 나타났다는 점이었다. 따라서 실종 사건을 수사하는 경찰은 같은 범인이 벌인 일이라는 가정 하에 수사를 하고 있었다. 몇몇 목격자들은 번쩍거리는 빛이 UFO에서 나온 것이라고 주장하기도 했다. 그러나 비슷한 연구를 하는 과학자만 납치된 이유는 아무도 짐작할 수 없었다.

사람을 찾습니다

이름
나알지

나이
45세

연구 과제
무기 재료*

특이 사항
운동 부족으로 배가 많이 나옴.
연구가 잘 안되면 귓불을 만지는 버릇이 있음. 실험실에서 연구 중 밝은 빛이 번쩍 한 뒤 갑자기 사라짐.

*무기 재료 : 탄소를 포함하지 않는 물질을 뜻하며, 금속이 여기에 속한다.

사람을 찾습니다

이름
박가지

나이
39세

연구 과제
신소재 공학

특이 사항
말할 때 코를 킁킁거림.
머리가 항상 헝클어져 있음.
출근길에 빛이 번쩍 하더니 갑자기 사라짐.

과학자가 싫어요!

◎◎◎ 아작과 메타는 조심스럽게 우주선 조종을 하고 있었다. 요즘 과학자 납치 사건 때문에 하늘을 바라보는 지구인들이 너무 많아졌기 때문이다. 아작이 투덜거리며 말했다.

"자칫하다가는 우리가 범인으로 오해 받겠어! 도대체 어떤 녀석들이지? 설마 원팍, 투팍 형제들인가?"

메타는 아작의 말에 고개를 갸웃거렸다.

"에이, 그 녀석들은 지구 밖으로 날아가 버렸잖아! 그 망가진 우주선으론 다시 지구로 돌아오기 힘들 텐데……."

"그럼 이번엔 다른 행성에서 온 녀석들인가? 어떤 녀석이든 간에 걸리기만 하면 이 핵주먹 맛을 보여 줘야겠어!"

아작이 큰 주먹을 흔들며 말했다.

"지구의 하늘이 그리 넓지 않으니 언젠간 마주치겠지. 우리는 갈 길이나 가자고. 국왕님께서 과학 개념을 배달하라고 하셨으니……."

메타는 말을 멈추고 택배 무더기를 뒤적거리더니 하나를 골라잡았다.

"이 개념이면 되겠군!"

아작과 메타는 우주선을 숨겨 두고 호킹네 집을 찾아 대전의 대덕 연구 단지를 휘휘 돌아 다녔다. 호킹의 아파트가 있는 사거리에는 횟집이 새로 문을 열었는지 '싱싱 횟집'이라고 적힌 커다란 광고 풍선이 춤추듯 휘날리고 사람들이 잔뜩 몰려 있었다. 메타는 그 모습을 유심히 봐 두었다.

호킹네 집에 도착한 아작과 메타는 숨을 가다듬고 벨을 눌렀다. 딩동!

"누구세요?"

"나호킹의 집이죠? 개념 배달 왔습니다!"

안경을 낀 아이가 머리를 쑥 내밀었다. 아이답지 않게 얼굴에 근심이 가득 차 있었다.

"뭐하러 왔다고요?"

"네가 안드로메다로 보낸 개념을 돌려주러 왔어!"

메타가 웃으며 말했다.

"네에? 정말요?"

호킹은 깜짝 놀랐다. 아작은 고개를 끄덕이며 말했다.

"믿기지 않겠지만 우린 머나먼 우주 저편에서 횡단해 왔단다."

"전 믿어요! 아빠가 우주의 다른 별에는 분명히 외계인이 살고 있을 거라고 했거든요."

호킹이 신이 나서 말했다.

"오, 한번에 우리 말을 믿는 아이는 처음인걸!"

아작도 기분이 좋은 듯 맞장구쳤다. 하지만 호킹의 얼굴은 이내 근심어린 표정으로 돌아갔다.

"왜? 무슨 일이라도 있는 거니?"

"아빠 생각이 나서 그래요."

"아빠 생각?"

자신들이 안드로메다에서 왔다는 것을 믿지 않는 아이는 많이 봤어도 난데없이 아빠 생각이 난다는 아이는 처음이었다.

"우리 아빠는 과학자인데요. 요즘 신물질을 개발한다고 맨날 실험실에만 계시고 나랑 놀아주지도 않았어요. 어릴 때는 아빠랑 축구도 하고 야구도 하고 재미있게 놀았는데……. 얼마 전에 어린이 야구단에 들어가서 아빠한테 새로운 재료로 만든 멋진 야구 배트를 만들어 달라고 했어요. 그런데 내 말을 들은 체도 안 하시는 거 있죠."

“그래서 화가 나서 이 과학 개념을 안드로메다로 보내 버린 거구나.”

아작의 말에 호킹이 고개를 끄덕였다.

“제 이름도 아빠가 지어주신 거예요. 스티븐 호킹 박사처럼 멋진 과학자가 되길 원하시거든요. 하지만 며칠 전에는 너무 화가 나서 아빠한테 절대 과학자 같은 건 되지 않을 거라고 소리쳤어요. 그런데 흑…….”

말을 하던 호킹이 갑자기 울먹거렸다. 아작과 메타는 영문을 몰라 서로를 바라보았다.

“아빠가……, 아빠가 실종됐어요. 너무 보고 싶어요! 으앙!”

“뭐라고? 실종?”

두 요원은 그제야 상황이 파악되었다. 이번에 실종된 과학자 중에 호킹이 아빠도 포함된 것이다.

“나랑 놀아 주지 않아도 되고, 새로운 야구 배트를 만들어 주지 않아도 좋으니 무사히 돌아오시면 좋겠어요.”

호킹은 눈물을 닦으며 중얼거렸다.

“이거 우리가 적극적으로 문제의 UFO를 찾아봐야 할 것 같은데?”

아작이 머리를 긁적이며 메타에게 말했다. 덩치는 크지만 마음은 약한 아작다운 말이었다. 메타는 고개를 끄덕였다.

“그래, 아무래도 우주 악당하고 관계가 있는 것 같아. 투팍 녀석이 돌아온 게 틀림없어.”

메타는 호킹을 돌아보며 화이트 큐브를 내밀었다.

“아빠가 실종되셔서 힘들겠지만 이걸 받아서 안드로메다로 보낸 네 개념

을 되찾아야 해."

호킹은 영문을 모르겠다는 표정으로 대답했다.

"지금 개념 따위나 돌려받을 상황이 아니잖아요. 아빠가 사라졌다니까요!"

그러나 메타는 호킹의 작은 손에 큐브를 꼭 쥐어 주며 말했다.

"네가 개념을 떠올리는 게 아빠를 구하는데 큰 도움이 될 수 있어."

"정말요?"

호킹이 확인하듯 물었다. 메타는 고개를 끄덕였다.

"하지만 우주 악당이 네 큐브를 노릴 수도 있으니 항상 조심해야 해!"

"네? 그건 또 무슨 말이에요?"

"우주 악당들은 화이트 큐브에 보관한 네 개념 원구를 블랙 큐브로 옮겨

담아 바이러스를 만들 수 있단다. 그 바이러스로 납치한 과학들을 해칠지도 몰라. 그러니까 개념이 네게 다 돌아올 때까지 이 화이트 큐브를 잘 보관해야 해."

호킹은 입술을 꼭 다물고 고개를 끄덕였다.

"절대로 우주 악당에게 빼앗기지 않을게요! 대신 아빠를 꼭 찾아 주세요!"

메타와 아작도 고개를 끄덕였다.

"그래, 우리도 같이 노력할게. 그런데 녀석들은 왜 과학자들을 납치하는 걸까?"

"단서가 없으니 어디서부터 추적해야 할지도 난감하군."

아작이 곤란한 얼굴로 말했다. 그때 메타가 무릎을 탁치며 크게 외쳤다.

"나에게 좋은 생각이 있어!"

아작과 호킹이 메타를 바라보았다.

"그 녀석들은 항상 우리가 큐브를 전달하는 곳을 귀신같이 알고 찾아왔잖아? 그러니까 이번에는 우리가 호킹네 집에 몰래 숨어 있는 거야. 제 발로 찾아온 녀석들을 잡는 일쯤이야 식은 죽 먹기지!"

"오, 일리가 있는데?"

아작은 악당을 두 손으로 확실하게 잡을 수 있을 거라는 생각에 신이 나서 말했다.

"그런데 어디에 숨지?"

두 요원은 호킹을 바라보았다. 호킹은 그걸 내가 어찌 아냐는 듯 어깨를 으쓱하며 두 요원을 바라보았다.

개념 정리

물체와 물질

물체
일정한 모양을 가지고 일정한 공간을 차지하고 있는 것. 눈으로 보고 손으로 만질 수 있다.

물질
물체를 만드는 재료. 각각 특성을 가지고 있고 이 특성은 곧 물체의 특성을 나타낸다.

금속
특성 : 금속에 따라 차이는 있지만 대부분 단단하고 튼튼하다. 열을 잘 전달시킨다.

활용 : 냄비, 숟가락, 못 …

유리
특성 : 투명하고 열을 가하면 쉽게 모양을 바꿀 수 있다. 충격에 약하다.

활용 : 컵, 창문, 거울 …

고무
특성 : 부드럽고 충격을 잘 흡수한다.

활용 : 바퀴, 지우개, 머리끈 …

플라스틱
특성 : 단단하고 가벼우며 녹슬거나 썩지 않는다.

활용 : 안경테, 전화기, 휴지통 …

…

※ 물체는 한 가지 물질로만 이루어진 것도 있지만, 책상과 같이 나무, 금속, 플라스틱 등 2가지 이상의 물질로 이루어진 것도 있다.

2장

물질이 뒤죽박죽

물질의 세 가지 상태는?

◎◎◎ 투팍은 넓은 평야 지대로 다맹글어 박사를 안내했다. 이곳이라면 우주선을 만들기에 충분한 공간이라고 생각했기 때문이다. 하지만 다맹글어 박사는 맘에 안 든다는 듯 불만이 가득한 목소리로 말했다.

"내가 이번에 만들려는 우주선은 크기가 어마어마하다고! 이 평야보다 훨씬 더 클걸?"

"네에?"

투팍의 눈이 휘둥그레졌다. 지금 자신들이 있는 이 평야의 크기만 해도 축구장의 30배는 넘는 크기였기 때문이다.

"왜 그리 놀라? 지구에는 우주선 재료로 쓸 수 있는 물질이 차고 넘친다며? 그럼 그 정도 크기는 생각해야지. 그리고 크기뿐 아니라 깜짝 놀랄 만한 기능도 있어."

"뭐 크면 클수록 좋지만……, 그게 현실적으로 가능할까요? 상상 속에만 있는 건 아닌지……."

다맹글어 박사는 콧방귀를 뀌었다.

"과학이란 것은 결국 상상에서 시작하는 거야!"

그러더니 뒤를 보며 물었다.

"그렇지 않나? 친구들!"

그곳에는 투팍과 다맹글어 박사만 있던 것이 아니었다. 그들이 납치한 지구의 과학자들도 같이 있었다. 그중엔 호킹의 아빠인 나알지 박사도 있었다. 초췌한 모습의 과학자들은 다맹글어 박사의 물음에 고개만 끄덕였다. 투팍은 지구 과학자들이 동의하는 모습을 보고 있자니 다맹글어 박사의 야망이 헛된 꿈이 아닐지도 모른다는 생각이 들었다.

투팍은 다맹글어 박사가 신물질을 연구하는 과학자만 납치한 속셈을 알 수 없었다. 하지만 별 상관없었다. 박사는 우주선을 만들면 되는 일이고, 투팍 자신은 지구로 돌아왔으니 해야 할 일이 따로 있었다. 바로 아이들의 개념 큐브

를 가로채는 일! 투팍은 다맹글어 박사에게 넌지시 말했다.

"안드로메다 요원들이 아이들의 개념을 담은 큐브를 돌려주고 있는 거 아시죠? 저는 그걸 빼앗으러 가야겠어요. 그동안 우주선 개발, 잘 부탁 드립니다."

"그럴 필요 없네."

다맹글어 박사는 투팍의 말을 들은 척 만 척 가볍게 대답하며 지구의 과학자들에게 이것저것 지시하고 있었다.

"개념 원구가 없으면 개념 바이러스를 만들 수 없다고요. 그럼 지구 정복도 힘들어진다니까요."

"그럴 필요 없다니까. 이거나 받아!"

다맹글어 박사는 투팍의 눈앞에 뭔가를 내밀었다. 얼떨결에 그 물체를 확인한 투팍의 눈이 저절로 커졌다.

"아니, 이런 건 언제 발명했어요?!"

그 시각 아작과 메타는 호킹의 집 화장실에 쪼그리고 앉아 숨어 있었다. 기껏 숨을 곳을 찾은 게 화장실이었다. 다리에 쥐가 나는지 아작이 손가락으로 코에 침을 묻히며 메타에게 물었다.

"끄응, 이거 분명 좋은 생각이 맞는 거지?"

"그럼!"

메타는 고개를 끄덕였으나 처음보단 자신이 없어진 표정이었다. 그때 화장실 문이 열리더니 호킹이 들어왔다. 그리고 두 요원이 보이지도 않는다는 듯 태연하게 바지 지퍼를 내리고 소변을 쪼르르 누기 시작했다.

"그 녀석, 시원하게 잘 누네. 변기 넘치겠다."

아작이 한마디 했다.

"흥, 변기 안의 물이 전부 내 소변은 아니라고요."

"변기 물과 네 소변이 합쳐져 양이 늘어났으니 그럴 수도 있다는 거지."

아작이 심드렁하게 말했다. 그 말에 메타가 갑자기 생각났다는 듯 말했다.

"그러고 보니 네가 보낸 개념이잖아? 물질에 대한 개념 말이야. 호킹아, 잘 들어. 우리 주위의 수많은 물질은 고체, 액체, 기체 세 가지 상태로 존재해."

"갑자기 무슨 소리를 하는 거예요?"

호킹이 지퍼를 올리며 물었다.

"오줌이 바로 액체거든."

"그래서요?"

"액체의 성질이 뭔지 아니?"

"내가 알 리가 있어요?"

호킹은 메타의 말을 듣는 둥 마는 둥 하며 세면대에서 손을 씻었다. 그러자 메타가 욕실 안에 있던 세숫대야와 컵 등에 물을 담았다.

"자, 수도꼭지에서 나오는 물은 액체야. 그리고 그 물을 이렇게 대야와 컵에 담았지? 이렇게 액체는 담기는 그릇의 모양에 따라 모양이 바뀐단다. 그건 바로 액체가 비교적 자유롭게 움직이는 성질이 있기 때문이야."

메타의 열정적인 설명에 호킹이 관심을 보였다.

"우리 엄마는 요리할 때마다 소금통을 꺼내 사용하시던데, 그 소금을 여기 컵에 부어 담으면 모양이 변할테니 소금도 액체겠네요?"

"아아, 그건 아니야. 가루 전체의 모양은 담는 그릇에 따라 변하는 것처럼 보이지만, 소금 알갱이 하나하나의 모양은 변하지 않거든. 그러니까 소금은 고체란다."

"그러고 보니까 어렸을 때 모래 놀이를 하던 생각이 나요. 모래도 물처럼 흘러내리지만 고체라는 거죠?"

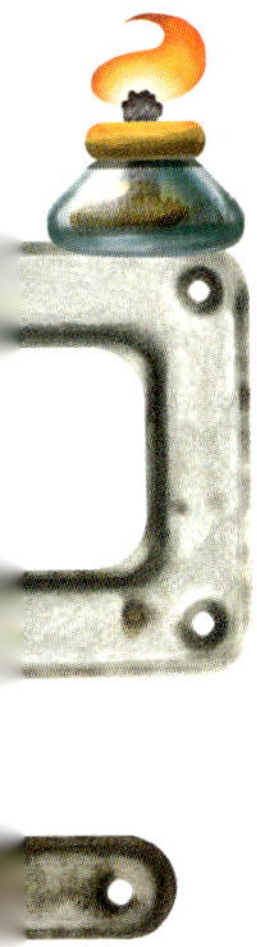

"머리가 좋구나!"

호킹의 질문에 메타가 고개를 끄덕였다.

"그런데 두 분은 언제까지 동상처럼 그렇게 앉아 계실 건데요?"

"우주 악당이 네 큐브를 빼앗으러 올 때까지 기다려야지."

아작의 말에 호킹이 한숨을 쉬며 대답했다.

"휴, 이제 그만 나오세요. 몇 시간이나 기다렸는데 아무도 안 오잖아요."

"머지않아 꼭 올 거다."

"그때가 언제일지 알고요? 엄마께서 오시면 어차피 쫓겨날 테니 그만 나와요."

"아이참, 조금만 더 기다리겠다니까!"

아작이 버럭 소리를 질렀다. 얼굴이 이내 붉게 달아올랐다. 커다란 덩치로 좁은 화장실에 잠복하고 있는 것도 힘든데 자꾸 잔소리를 듣자니 짜증이 밀려온 것이다. 하지만 호킹도 만만치 않았다. 전혀 기죽지 않고 대꾸했다.

"그럼 심심하실 텐데 이것도 한번 분석해 보세요."

호킹은 말을 마치자마자 뽕 하고 방귀를 뀌었다.

"아니, 이 녀석이!"

아작이 버럭 화를 내며 당장 쥐어박을 듯 흥분했지만 메타가 말리는 통에 겨우 참았다. 메타는 코를 막으며 차분한 목소리로 말했다.

"읍, 방귀는 기체야. 기체도 액체처럼 모양이 바뀌지만 그 움직임이 더 자유롭지. 그리고 방귀 냄새가 퍼지는 건 분자 때문이야."

"분자가 뭔데요?"

"분자는 물질의 성질을 지닌 가장 작은 알갱이야. 물이나 소금, 산소 같은 것들도 분자로 이루어져 있지. 방금처럼 방귀를 뀌면 냄새가 금방 퍼지는 것은 분자가 이동하기 때문이야."

아작은 차분하게 설명하는 메타를 기가 막히다는 듯 쳐다보았다.

"이 고약한 방귀 냄새를 참고 잘도 떠드네."

"내가 내보낸 분자가 고약하다고요?"

호킹이 발끈하며 말했다.

"오호, 바로 응용하는데? 한 가지 더 알려 주지."

메타가 대견하다는 듯 말했다.

"그 분자를 쪼개면 원자가 된다는 것도 알아 둬라. 원자는 분자를 이루는 가장 작은 알갱이이면서 물질의 성질을 지니지 않는 알갱이야."

"알았으니까 빨리 여기서 나가요."

"에이, 조금만 더 기다려보자니까."

메타가 웃으며 말했다.

"지금 당장 안 나오면 확 똥도 눌 거예요!"

호킹이 바지를 내리는 시늉을 했다.

"안 돼!"

아작과 메타는 당장 밖으로 뛰쳐나갔다. 방귀까지는 참는다고 해도 그 이상은 당해낼 재간이 없었다. 밖으로 나온 두 요원에게 호킹은 계속 투덜거렸다.

"이게 뭐에요? 아빠를 찾을 수 있게 도와준다면서요!"

두 요원은 변명할 말이 없었다.

"투팍이 아닌가 본데? 항상 하던 방식과 다르니 말이야……."

아작이 머리를 긁적거렸다.

"그럼 이렇게 하도록 하자. 아빠가 돌아오시기 전에 개념을 다 찾는 거야."

메타의 제의에 호킹은 머리를 흔들었다.

"싫어요. 제가 왜요?"

"잘 생각해 봐. 네가 그 개념을 모르고 있다면 아빠가 돌아왔을 때 슬퍼하시지 않겠니? 그래도 명색이 과학자의 아들인데 말이야."

잠시 고민하던 호킹은 고개를 살짝 끄덕였다. 메타의 말이 틀린 건 아니었다.

"좋아요. 속는 셈치고 한번 노력해 볼게요."

"그래, 고맙다!"

요원들은 어째 이상한 기분이 들었다. 입장이 바뀐 느낌이었다. 아작이 고개를 갸우뚱하며 중얼거렸다.

"우리가 왜 사정을 해야 하는 거지?"

"후유, 그게 뭐 오늘만 그랬냐? 지구 아이들한테 개념을 돌려줄 때마다 늘 이런 식이니 원……."

메타도 못 말리겠다는 듯 고개를 저었다.

"그런데 저 녀석이 보낸 개념을 어디서부터 어떻게 설명을 하지? 물질, 물체, 혼합물에 자석에 대한 것까지……. 보낸 과학 개념이 하나둘도 아니고 너무 많잖아."

아작이 불평을 늘어놓자 메타가 걱정 말라는 듯 말했다.

"호킹네 집을 찾아오면서 좋은 곳을 봐 뒀어. 그곳에 가면 물질의 상태에 대한 개념을 떠올릴 수 있을 거야!"

기체에도 부피와 무게가 있어

◎◎◎ 메타가 호킹을 데려간 곳은 호킹네 집을 찾을 때 지나쳤던 사거리였다. 사거리 한쪽에는 새로 문을 연 횟집의 광고 풍선이 있고, 횟집 앞에는 활어차가 서 있었다. 다른 한쪽에는 파손된 도로를 아스팔트로 땜질하려는 공사 차량이 서 있었다. 메타가 호킹을 보며 물었다.

"기체도 부피가 있다고 생각하니?"

"눈에 보이지도 않는데 제가 어떻게 알아요?"

호킹이 콧방귀를 뀌었다.

"정말 모르겠어? 그럼 저 광고 풍선을 봐!"

메타가 손으로 가리킨 곳에는 횟집 홍보를 위한 광고 풍선이 휘날리고 있었다.

"저 풍선을 부풀게 한 것은 공기야. 공기는 기체지. 튜브의 아래쪽엔 공기를 공급해주는 송풍기가 있어. 공기가 풍선을 부풀릴 수 있다는 건 부피가 있다는 말이야. 네가 타고 다니는 자전거 타이어도 마찬가지이고."

"자전거 타이어요?"

메타는 고개를 끄덕였다.

"공기 펌프로 공기를 타이어 쪽으로 이동시켜 타이어를 부풀어 오르게 하거든. 만약 공기에 부피가 없다면 네 자전거 타이어는 그냥 고무로 만든 호스에 불과하지."

"그럼 기체는 부피도 있고 이동도 가능하단 거네요?"

"맞아! 아까 네가 뀐 방귀같이 눈에 보이지 않고 모양과 부피가 일정하지 않지만 흐르는 성질이 있고 힘을 가하면 부피가 줄어들기도 해."

메타의 설명에 호킹이 고개를 끄덕였다.

"그래도 기체는 무게가 없어서 다행이에요. 만약에 무게가 있었다면 우린 공기에 눌려서 납작하게 찌그러져 버렸을지도 모르잖아요. 크크크."

"아니, 기체도 무게가 있어."

"네?"

호킹이 놀란 얼굴로 물었다.

"지구를 기준으로 일상생활의 기온과 기압에서 공기의 무게는 1m^3 당 약 1.2kg이 된다고 하더군. 다만 우리 몸속에서 공기가 빠져나오려는 힘과 밖에서 공기가 누르는 힘이 동시에 존재하기 때문에 사람들이 그 무게를 느끼지 못할 뿐이야. 풍선이나 축구공 같은 것들도 공기를 뺀 다음에 무게를 재면 더 가벼워지는데 이것 역시 기체도 무게가 있다는 증거이지."

가만히 있던 아작이 끼어들었다.

"눈에 보이지만 않을 뿐이지 기체라는 녀석도 할 건 다 하는군. 공간도 차지하고 무게도 있고 이동도 하고 말이야."

"맞아! 그게 다 아까 화장실에서 말한 기체를 이루는 분자 때문이지. 고체보다 액체가, 액체보다 기체가 분자 간 간격이 넓어 자유롭게 움직일 수 있거든."

두 요원의 말을 듣고 있던 호킹은 고개를 끄덕였다. 물질에 대한 개념이 조금은 머리에 들어온 느낌이었다.

그때였다. 횟집 바깥 수족관에 물을 담고 있던 활어차의 호스에서 물이 콸콸 넘치기 시작했다. 횟집 주인과 이야기를 하던 활어차 주인은 깜짝 놀라 달려왔다. 그 광경을 보며 호킹이 소리쳤다.

"바닥에 떨어졌으니 액체의 모양이 변하겠네요? 담긴 그릇이 달라졌으니까요!"

"이제 확실히 이해가 가니?"

"당연하죠. 수족관 안에 들어 있는 물 모양하고 바닥에 쏟아진 물 모양이 저렇게 달라졌잖아요."

과학자의 아들답게 하나를 가르쳐주니 둘을 알았다. 그때 호킹이 들고 있던 개념 큐브의 한 면에 불이 번쩍 하고 들어왔다. 호킹은 그것을 잠시 바라보더니 중얼거렸다.

"전 상황에 따라 모양을 바꾸는 액체나 기체보단 항상 같은 모양을 일정하게 유지하는 고체가 좋아요. 줏대가 있잖아요."

호킹은 고체인 아스팔트 바닥에 손을 가까이 가져갔다. 아스팔트의 까칠한 촉감이 느껴졌다. 호킹은 차를 타고 도로 위를 달리기만 했지 아스팔트를 손으로 직접 만져 보는 건 처음이라는 생각이 들었다. 그런데 그때 이상한 일이 벌어졌다.

얼음 분자
물 분자
수증기분자
0
100

딱딱해야 할 아스팔트가 물컹거렸다. 그리고 손에 뭔가 끈끈한 것이 묻었다.

"이게 무슨 일이죠?"

호킹이 요원들을 보며 외쳤다. 요원들도 당황한 얼굴로 호킹을 바라보았다. 아스팔트 위를 달리던 자동차들도 동시에 그 자리에 멈췄다. 바퀴가 물컹거리는 물질에 빠져버린 것이다.

"이게 어떻게 된 일이야?"

자동차에서 사람들이 머리를 내밀고 외쳤다. 호킹은 도로에서 달콤한 냄새가 나자 손에 묻은 끈끈한 것을 입에 살짝 대보았다. 그리고 눈을 크게 뜨며 외쳤다.

"어? 이건 마시멜로예요!"

"뭐?"

아작이 달려가 아스팔트를 한 무더기를 떼어 내 입에 넣었다.

"정말인데?"

아스팔트가 갑자기 마시멜로로 바뀌다니……. 놀랄 일은 그뿐만이 아니었다. 잘 세워져 있던 광고 풍선이 갑자기 옆으로 쓰러졌다. 그리고 그 안에서 물이 철철 흘러나왔다.

"어라? 풍선 안에는 분명히 공기가 들어있었는데 왜 갑자기 물이 쏟아지는 거죠?"

호킹이 겁먹은 표정으로 메타를 바라보았다.

"이게 어떻게 된 일이지?"

횟집에서도 비명소리가 들려왔다.

"으악, 수족관이 다 얼어 버렸어! 물고기도 다 꽁꽁 얼어 버렸어!"

조금 전까지 물과 고기로 가득했던 수족관이 꽁꽁 얼어 있었다. 물이 얼어서 얼음이 된 것이다. 문득 불길한 생각이 든 메타가 호킹에게 다급하게 물었다.

"개념 큐브는 잘 가지고 있지?"

호킹은 주머니에서 개념 큐브를 꺼내 메타에게 보여주었다.

"여기 있어요."

개념 바이러스를 이용한 우주 악당 투팍의 소행이지 않을까 의심했던 메타는 도대체 누가 벌인 짓인지 짐작할 수가 없었다. 그때 옆에서 쩝쩝 소리가 났다. 아작이 아스팔트를 아니, 마시멜로를 마구 뜯어서 맛있게 먹고 있었다. 메타는 어이가 없다는 표정으로 물었다.

"맛있냐?"

아작은 만족스런 얼굴로 고개를 끄덕였다.

"응. 색깔은 좀 그렇지만 달콤한 게 아주 맛있는데?"

"지금 그걸 뜯어먹고 있을 때가 아니야!"

메타가 타박하자 호킹도 옆에서 툴툴 거렸다.

"아니, 개념을 찾아 준다고 해서 따라나섰는데, 왜 이상한 일만 일어나는 거예요?"

"이건 우리 탓이 아냐! 나도 이게 어찌된 일인지 모르겠어. 어쨌든 이대로 있으면 지구의 물질계가 점점 더 엉망이 되어 버릴 거야."

메타가 걱정스런 얼굴로 아수라장이 된 거리를 바라보았다.

개념 큐브를 빼앗기다

◎◎◎ 거리가 내려다보이는 모퉁이 건물의 옥상에서는 투팍이 눈만 빼꼼 내밀고 안드로메다 요원 일행을 훔쳐보고 있었다.

"요 녀석들 깜짝 놀랐을 거다!"

투팍은 시선을 돌려 다맹글어 박사에게 받은 놀라운 발명품을 흐뭇하게 바라보았다. 그것은 공기의 파장을 이용해 물질의 종류나 상태를 바꿀 수 있는 레이저 건이었다. 박사가 이제 굳이 개념 큐브를 빼앗으러 다니지 않아도 된다며 건네 준 최신 발명품이었다.

"정말 놀라워, 아호호홍홍!"

투팍은 기분이 좋았다. 이 레이저 건을 이용하여 물질의 종류와 상태를 뒤죽박죽으로 만들어 지구인들을 혼란에 빠뜨릴 계획이었다. 사회 개념 바이러스로 촌락을 없애고 가상 도시를 세우던 기억이 떠올랐다. 큐브를 더 많이 얻기 위해 벌인 일이었는데 결국 실패로 끝나고 말았다. 박사가 이런 기막힌 발명품을 계속 만들어 준다면 힘들게 아이들의 큐브를 빼앗을 필요가 없었다. 하지만 아까부터 투팍의 신경을 쓰이게 하는 게 있었다. 바로 호킹이 들고 있는 화이트 큐브였다.

'저 안에 개념 원구가 있을 텐데……. 그걸 가로채서 내 블랙 큐브에 넣어 바이러스를 뿌린다면……. 아호홍홍! 생각만 해도 즐겁구나!'

다맹글어 박사의 레이저 건은 특정한 대상을 겨냥해서 맞춰야 하기 때문에 사용 범위가 아주 좁다는 단점이 있었다. 하지만 개념 바이러스는 많이 모으기만 하면 지구를 통째로 혼란에 빠뜨릴 수 있는 괴력이 있다. 거기까지 생각하던 투팍은 자신의 머리를 콩 쥐어박았다.

"욕심내면 안 돼. 요원들이 저렇게 붙어 다니는데 어떻게 개념 큐브를 훔칠 수 있겠어?"

그때 투팍의 눈에 요원들에게서 떨어져 한 건물 안으로 향하는 호킹의 모습이 들어왔다.

"저 녀석이 어딜 가는 거지?"

볼 일이 급했던 호킹은 모퉁이에 위치한 건물 2층의 화장실 안으로 들어갔다. 한창 일을 보고 있는데 누군가 옆 칸으로 들어가는 소리가 들렸다. 잠시 부스럭거리는 소리가 나더니 누군가가 말을 걸었다.

"얘야, 휴지 좀 빌려 줄래?"

"네? 제가 쓸 것 밖에 없는데요?"

"그게 무슨 섭섭한 소리니? 아까 화장실 들어갈 때 티슈 통 들고 있는 거 다 봤는데."

호킹은 이내 화이트 큐브를 가리키는 것이란 걸 깨달았다.

"이건 티슈 통이 아니에요."

"그럼 뭐냐?"

"이게 뭐냐 하면……."

뭐라고 설명하기도 난처했다. 안드로메다에서 외계인들이 들고 온 내 개념 큐브라고 말하면 믿어줄 사람이 얼마나 될까?

"왜 말을 못하니? 그깟 휴지 좀 나눠 쓰기 싫어서 거짓말을 하다니, 너 정말 나쁜 아이구나!"

"그게 아니라……, 이건 정말 티슈 통이 아니거든요."

"아니긴 뭐가 아니니? 어디 한번 보여 줘 봐. 그럼 믿을테니. 여기 밑으로 넣어 줘."

화장실 칸막이 아래쪽에서 손가락이 까닥거리고 있었다.

"안 되는데……."

큐브를 잘 간수하라던 요원들의 당부가 떠올랐다.

'잠시 보여 주는 건 상관없겠지.'

호킹은 망설이며 큐브를 내밀었다. 큐브를 받는 상대의 손이 덜덜 떨리고 있었다. 뭔가 수상했지만 벌써 큐브는 상대의 손에 넘어간 뒤였다. 큐브를 받은 옆 칸에선 큐브를 이리저리 살피는 듯 한 소리가 났다.

"네 말대로 이건 정말 티슈 통이 아니구나?"

"그렇죠? 다시 돌려주세요."

그러나 다음 순간 상대는 뜻밖의 말을 했다.

"이건 바로 개념 큐브구나. 아호홍홍!"

가슴이 철렁했다. '누군데 개념 큐브를 알고 있는 거지?' 라는 생각이 드는 순간, 옆 칸의 문이 벌컥 열리고 뛰어나가는 발소리가 들렸다.

"어우 냄새! 그럼 볼 일 잘 보고 가 거라."

"네? 제 큐브는 주고 가야죠. 아저씨!"

그러나 아무런 대답도 들리지 않았다. 호킹은 당장 쫓아가고 싶었지만, 바로 뛰어나갈 상황이 아니었다. 잔소리를 늘어놓을 안드로메다 요원들의 얼굴이 떠올랐지만 이미 벌어진 일이었다.

"누가 화장실까지 따라와서 빼앗아 갈 줄 알았나 뭐! 지저분한 우주 악당 같으니……. 미워, 정말 밉다고!"

개념 정리

물질의 세 가지 상태

	고체	액체	기체
모양	담는 그릇에 상관없이 모양을 유지한다.	담는 그릇에 따라 달라진다.	담는 그릇에 따라 달라진다.
움직임	없다.	흐른다.	흐르거나 퍼진다.
부피	힘을 가해도 변하지 않는다.	힘을 가해도 변하지 않는다.	온도가 바뀌거나 힘을 가하면 변한다.
물의 상태	얼음	물	수증기
분자 상태	움직이지 않는다. 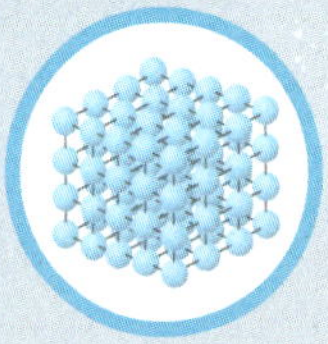	움직인다. 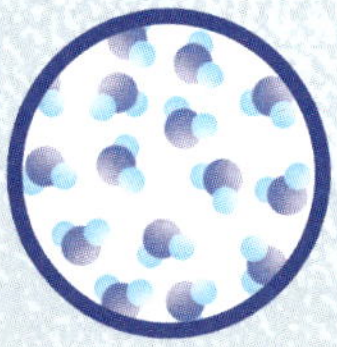	매우 자유롭게 움직인다. 
예	바위, 모래, 전화기 등	물, 우유, 주스 등	산소, 수증기 등

※ 물질은 상태가 정해져 있는 것이 아니라 온도 등 주변 환경에 따라 변한다. 예를 들면 철은 용광로에서 1,600℃이상으로 가열하면 액체가 되고 조건에 따라서 기체도 된다. 하지만 모든 물질이 세 가지 상태를 가지는 것은 아니다. 설탕을 가열하면 액체가 되지만 기체로는 되지 않는다. 종이는 아무리 가열해도 액체로 변하지 않는다.

3장 대단한 우주선이 완성되었다고?

다맹글어 박사의 혼합물 분리비법

◎◎◎ 잔꾀를 부려 호킹의 개념 큐브를 빼앗은 투팍은 서둘러 우주선에 올랐다. 공중으로 막 날아오르는 순간, 아래에 있던 아작과 눈이 마주쳤다. 투팍을 본 아작은 귀신이라도 본 듯 놀라는 눈치였다.

"내가 살아 있을 줄은 몰랐지? 아호호홍홍!"

투팍은 경망스럽게 웃으며 화이트 큐브에서 개념 원구를 꺼내 블랙 큐브로 옮겨 담았다. 이제 언제든 개념 바이러스를 뿌릴 수 있다! 하지만 한편으로는 다맹글어 박사가 잔소리를 하지 않을까 걱정되었다. 개념 큐브를 굳이 빼앗지 않아도 물질을 바꿀 수 있는 레이저 건을 다시 내놓으라고 야단칠 것 같았다.

"몰래 숨겨 놓지 뭐. 아호호홍홍!"

어차피 다맹글어 박사는 납치한 과학자들과 함께 실험을 하느라 투팍이 뭘 하든 신경도 안 쓰고 있었다. 은신처에 도착해 보니 역시 다맹글어 박사는 각종 실험 장비를 늘어놓고 과학자들과 바삐 움직이고 있었다.

"지금 뭐하시는 거예요?"

"혼합물을 분리하고 있다."

"네? 혼합물이 뭔데요?"

다맹글어 박사는 그런 기초적인 것도 모르냐는 듯 한 표정으로 말했다.

"두 가지 이상의 물질로 이루어진 물질을 혼합물이라고 하지. 우리는 그걸 각각의 물질로 분리하고 있는 중이고."

"근데 그걸 왜 분리하고 있어요?"

"내가 제작하는 우주선 재료에 적합한 물질을 찾아 보는 거다."

다맹글어 박사가 대답했다. 투팍은 지구의 과학자들 앞에 잔뜩 쌓여 있는 여러 가지 물질을 손으로 만지작거렸다.

"이 모래는 왜 이리 반짝거려요?"

"그 안에 금이라는 물질이 섞여 있기 때문이야. 모래와 흙에서 그것을 분리할 거야. 그리고 이 보크사이트 광석에서 알루미늄을 분리할 거고……."

"아하, 그렇게 해서 우주선 재료를 얻어 내는군요?"

투팍이 뭔가 알겠다는 듯 고개를 끄덕였다.

"그렇지! 지구의 모든 혼합 물질을 분리해 봐야 우주선에 필요한 물질을 확인할 수 있어. 혼합 물질에서 분리한 물질을 분석한 후에 다시 이것저것 혼합해서 우주 최초의 새로운 물질을 만드는 거야. 그리고 그것으로 우주 최고의 우주선을 제작하는 거지. 후후."

다맹글어 박사는 꿈꾸는 듯 한 눈빛으로 이야기 했다.

한편 옆에 있는 지구의 박사는 체를 이용해 콩과 쌀, 팥이 섞인 것을 휘젓고 있었다. 투팍이 그것을 보고 놀랐다.

"와아, 우주선을 만들 때 이런 재료도 쓰이나 보네?"

그러자 지구의 과학자는 투팍을 슬쩍 보며 말했다.

“아닌데요? 이건 밥을 해 먹으려는데 다맹글어 박사가 콩하고 팥은 먹기 싫다고 분리해 달라고 해서요. 이것도 일종의 혼합물이니까.”

“헉!”

편식쟁이 다맹글어 박사가 중얼거렸다.

“콩은 반찬으로 먹어야 맛있어. 쌀이랑 섞이면 맛이 없다고. 흠흠, 아무튼 지구엔 혼합물이 아주 많아. 그리고…….”

다맹글어 박사는 말을 하다 말고 옆쪽의 탁자에 가더니 커피 믹스를 하나 뜯었다.

“이 작은 커피 봉지 하나에도 여러 가지 물질이 혼합되어 맛을 내더군. 아주 맛있어!”

다맹글어 박사는 컵 안에 커피 믹스 내용물과 뜨거운 물을 휘저어 섞었다. 다맹글어 박사는 커피를 홀짝거리며 지구의 과학자들이 각종 혼합물을 분리하는 모습을 지켜보았다.

“내가 원하는 물질을 찾을 때까지 지구의 모든 물질을 분리하고 혼합해 볼 거야! 흐흐흐.”

투팍은 왜 다맹글어 박사가 지구의 과학자를 납치했는지 알 것 같았다. 우주선에 들어갈 새로운 물질을 개발하기 위해 신소재 공학, 무기 재료 등을 연구하는 지구의 과학자들을 납치한 것이다.

“그런데 혼합물을 분리하는 건 너무 시간이 많이 걸리고 어려워 보이는데……. 그냥 제 우주선은 한 물질로 만들면 안 돼요?”

Dr.다맹글어의
혼합물 분리 비법!
흙+물
모래+
철가루
S
물+기름
소금+물

"그게 무슨 소리냐?!"

투팍의 말에 다맹글어 박사가 버럭 화를 냈다.

"분리하고자 하는 물질의 성질만 알면 혼합물을 분리하는 건 전혀 어렵지 않아. 쌀과 콩은 입자의 크기에 따라 분리하고, 바닷물에서 소금을 분리하려면 물이 끓으면 증발하는 원리를 이용하고, 물과 기름은 서로 섞이지 않는 성질을 이용하고, 철은 자석에 붙는다는 성질을 이용해서 분리하면 되니 말이야!"

투팍은 다맹글어 박사의 열정에 감동을 받았다. 자신과 원팍 형은 무조건 개념 큐브를 빼앗아 지구 정복하는 것이 목표였는데 박사는 역시 뭐가 달라도 달랐다. 차근차근 준비해서 무언가 충격적이고 거대한 일을 꾸미고 있는 것처럼 보였다.

'도대체 얼마나 대단한 우주선을 만들려고 하는 거지?'

투팍은 박사의 우주선에 기대를 잔뜩 걸었다.

같은 시각 화장실에서 어처구니없게 개념 큐브를 빼앗긴 호킹은 두 요원에게 한참 동안 잔소리를 들어야 했다.

"그걸 빼앗기면 어떻게 해!"

"화장실 옆 칸에 들어와서 그렇게 가져갈 줄 누가 알았겠어요?"

호킹이 억울하다는 듯 툴툴거렸다. 아작과 메타는 더 잔소리를 하려다가 속으로 삼켰다. 이미 벌어진 일이니 어쩔 수 없었다. 더 큰 문제는 투팍이 멀쩡히 살아남아 지구에서 일을 꾸미고 있다는 것이다.

"그나저나 투팍 그 녀석이 이번엔 무슨 흉계를 꾸미기에 과학자들을 납치했을까? 뭐 떠오르는 거 없냐?"

"글쎄요. 요즘 아빠가 신소재를 개발한다고 연구실에서 살다시피 했다는데……. 그것 외에는 잘 모르겠어요."

호킹이 고개를 저으며 말했다.

"연구실? 어쩌면 그곳에 단서가 있을지도 모르겠군."

요원들과 호킹은 연구단지에 있는 연구실로 향했다. 사람들의 눈을 피해 연구실 안으로 들어간 호킹과 요원들은 연구실 여기저기를 뒤졌다. 그곳에는 아빠가 연구한 흔적이 고스란히 남아 있었다. 칠판에는 알 수 없는 화학 기호들이 어지럽게 적혀 있었고 책상에는 각종 광물과 혼합물이 뒤섞인 채 놓여 있었다. 한쪽 벽면에서 뭔가를 발견한 호킹은 그 자리에 멈춰 섰다.

그곳에는 수십 개가 넘는 야구 배트가 있었다. 절단면이 잘 보이도록 반이 뚝 잘린 배트도 있었고, 아주 작은 조각으로 잘게 분리된 배트도 있었다.

"이게 뭐야? 너희 아빠는 야구용품 개발도 하셨니?"

아작이 뒤에 다가와 물었다. 호킹은 가만히 고개를 저었다. 아작이 야구 배트를 하나씩 들어 확인했다.

"이건 흔히 보는 재료가 아닌데? 보통 야구 배트는 나무나 알루미늄으로 만들지 않나?"

그 말에 호킹의 눈에 눈물이 핑 돌았다. 아빠는 자신의 부탁을 잊은 게 아니었다. 이곳에서 호킹에게 신소재 배트를 만들어 주려고 여러 가지 물질을 재료 삼아 실험을 하고 있었던 것이다. 얼마 남지 않은 크리스마스에 깜짝 선물로 주려고 한 것인지도 몰랐다.

"난 그런 것도 모르고……."

아빠를 오해하고 과학 개념을 안드로메다로 보낸 것이 후회되었다. 메타는 만지작거리던 야구 배트를 내려놓고 호킹에게 말했다.

"마치 자석의 같은 극 같군."

호킹은 눈가의 눈물을 훔치며 메타를 쳐다보았다.

"같은 극이요?"

"그래, 너와 아빠는 같은 생각을 했을지 몰라도 겉으로는 서로 밀어내는 것처럼 느꼈으니 말이야."

"같은 극인데 왜 밀어내요? 같은 편 아닌가요?"

호킹이 묻자 메타가 자신의 머리를 잡고 탄식했다.

"맙소사! 자석은 같은 극끼리 서로 밀어내고 다른 극끼리 잡아당긴다는 거, 몰라?"

"안드로메다에 개념을 보냈으니 모르는 게 당연하죠."

호킹은 당당하게 말했다. 메타가 뭐라고 또 말하려는 찰라 연구실의 구석구석을 확인하던 아작이 말했다.

"네 말대로 아빠는 신소재를 연구하신 게 확실해. 그런 분을 납치해서 뭘 하려는 것일까?"

호킹은 아작을 돌아보았다.

"투팍이란 그 우주 악당을 잡으면 알 수 있겠죠. 우리 빨리 가요."

"잠깐! 서둘러서 되는 일이 아니야."

메타가 손목의 슈퍼컴을 보며 고개를 저었다. 호킹의 개념 큐브의 위치가 아직 확인되지 않았다.

"투팍 이 녀석, 도대체 어디에 숨어 있는 거지?"

자석을 이용해야만 우주선에 탈 수 있다고?

◎◎◎ 같은 시각, 투팍은 다맹글어 박사와 함께 드넓은 평원에 서 있었다. 박사의 표정은 지구에 도착한 이래 가장 밝았다.

"드디어 우주선 제작이 끝났다."

다맹글어 박사는 감개무량하여 말했다.

"지구의 물질로 신물질을 개발해서 드디어 내가 꿈꾸던 최고의 우주선을 만들어 냈다고!"

"와아, 역시 우주 최강 다맹글어 박사님입니다. 아호호홍!"

투팍은 손바닥을 비비며 아부를 했다. 잘 보이면 박사가 신형 우주선을 자기에게 줄지도 모른다고 생각했다.

"어때, 아주 멋지지?"

다맹글어 박사가 손가락을 쭉 뻗으며 허공을 가리켰다. 투팍은 다맹글어 박사가 가리키는 곳을 보았지만 아무것도 보이지 않았다.

"네? 뭐가요?"

"우주선 말이야! 멋지지 않아?"

투팍이 눈을 크게 뜨고 여기저기 살폈지만 역시 아무것도 보이지 않았다.

"우주선이 어디에 있는데요?"

다맹글어 박사가 음흉한 미소를 지으며 말했다.

"바로 저기 말이다! 투명한 우주선이 보이지 않는 게냐?"

투팍은 박사가 가리키는 곳을 다시 쳐다보았다. 하지만 아무리 봐도 우주선은 보이지 않았다. 근데 박사님이 지금 뭐라고 했더라? 투명한 우주선?

"투명한 우주선이라면 보이지 않는 우주선이란 말인가요?"

투팍이 다시 물었다. 다맹글어 박사는 고개를 끄덕였다.

"그렇지. 보인다면 투명 우주선이 아니지."

너무 떳떳하게 말해서 투팍은 혹시나 하는 표정으로 물었다.

"저, 그렇다면……, 박사님 눈에는 보이나요?"

"네 눈에 안 보이는 것이 내 눈이라고 보일 리 있냐? 벌거벗은 임금님의 옷도 아니고 말이다."

박사는 아무렇지도 않게 대답했다.

"……!"

투팍은 너무 놀라 말도 나오지 않았다. 보이지도 않는 투명한 우주선이라는 것은 전 우주가 들썩할 만한 대단한 발명품이다. 투명 우주선을 탈 수만 있다면 누구의 눈에도 띄지 않고 원하는 일은 뭐든지 할 수 있다. 숙적인 안드로메다 요원들도 함부로 공격할 수 없을 것이다.

박사가 우주선을 제작할 때부터 호언장담한 이유가 있었다. 놀라운 발명품 앞에 투팍의 가슴이 콩닥콩닥 뛰었다. 하지만 반드시 확인해야 할 것이 하나 있었다. 투팍은 마른 침을 꿀꺽 삼키며 박사에게 물었다.

"그런데 탈 수는 있는 거죠? 조종석은 어떻게 찾아가나요?"

"탈 수 없다면 우주선이 아니지!"

박사의 말에 투팍은 가슴을 쓸어내렸다. 정말 다행이었다.

"하지만 한 가지, 조종석을 찾기 위해서는 이게 꼭 있어야 한다네."

다맹글어 박사는 허리춤에서 커다란 말굽 모양의 물체를 꺼냈다.

"그게 뭔데요?"

"자석이라고 하지. 화성에는 없어. 지구의 과학자가 혼합물을 분리할 때 사용한 것인데 이게 아주 재밌는 물질이다. 철로 된 물건에만 붙거든. 나무나 알루미늄, 고무 같은 물질로 된 물체에는 절대 붙지 않아!"

"그, 그래서요?"

투팍은 불안한 목소리로 물었다.

"철을 끌어당기는 힘인 자기력을 지닌 자석은 지구인들의 필수 물질이지. 지구의 북극이 S극 성질을 띠고 남극은 N극 성질을 띠고 있다는 걸 이용

해 나침반도 만들었고 말이야."

박사의 장황한 설명에 투팍의 인내심이 한계에 다다르고 있었다.

"그래서 투명 우주선엔 어떻게 타냐고요!"

"내 허리를 꽉 잡아라."

투팍은 못미더운 얼굴로 다맹글어 박사의 허리춤을 살포시 잡았다. 다맹글어 박사는 눈을 번쩍이더니 커다란 말발굽 자석을 앞으로 쭉 내밀었다.

"자, 우주선을 타러 가자. 출바알!"

그 말이 끝나기가 무섭게 자석을 두 손으로 잡은 다맹글어 박사의 몸이 두둥실 떠올랐다. 박사의 허리춤을 잡고 있던 투팍의 몸도 덩달아 떠올랐다. 그리고는 이내 두 사람은 하늘로 날아올라 어디론가 쌩 날아갔다.

"으악! 이게 무슨 일이에요?"

바람을 가르는 소리를 들으며 투팍이 외쳤다.

"우주선 본체는 자석에 붙지 않는 알루미늄과 각종 신물질로 만들고 조종석만 철을 잔뜩 사용해 만들었지. 그러니까 이 특수 대형 자석만 있으면 조종석이 아무리 투명해도 쉽게 찾아갈 수 있다는 말씀!"

투팍이 뭔가를 말하려는 순간 자석이 쿵 소리와 함께 어딘가에 쩍 달라붙었다. 그 충격에 투팍의 품 안에서 블랙 큐브가 또르르 굴러 떨어졌다. 벌써 개념 큐브의 두 개의 면이 빛나고 있었다. 하지만 투팍은 너무 놀라서 큐브가 떨어진 것도 몰랐다. 다맹글어 박사는 엄숙한 목소리로 말했다.

"자, 조종석에 도착했다. 이제 조종을 해 봐라!"

투팍이 아래를 내려다보자 발밑으로 땅이 훤히 보였다. 하지만 발이 뭔가에 확실히 닿아 있긴 했다.

"조종을 어떻게 해요? 계기판도 조종간도 전혀 보이질 않는데요?"

투팍의 말에 다맹글어 박사가 빼죽 머리를 슥 잡아당기며 답했다.

"아……. 거기까진 미처 생각을 못했는걸? 아마 오른쪽 아래 어디쯤 전원 버튼이 있을 거다. 조심해서 눌러 봐라."

"네에? 뭐라고요?"

투팍은 다맹글어 박사의 대답에 깜짝 놀랐다. 지구의 과학자를 납치해서 신물질 연구를 한 뒤 우주선을 만든 것까지는 좋았다. 그래, 투명 우주선이라는 참신한 발상도 정말 최고였다. 그런데 자석을 이용해야만 조종석에 탈 수 있는 시스템도 못미더운데 이제는 계기판이 안 보이니 아무렇게나 손을 더듬어 보라니! 투팍은 기가 막혔다.

"후유……."

투팍은 체념한 듯 한숨을 길게 내쉬었다. 손을 뻗어 더듬거렸지만 버튼을 쉽게 찾을 수가 없었다. 그때 무언가가 손에 잡혔다.

"박사님, 버튼을 찾은 것 같아요!"

"비켜! 내가 할 테니. 답답해서 원……."

다맹글어 박사는 투팍을 밀치고 버튼을 찾아 눌렀다. 그러자 투명 우주선의 시동이 걸리기 시작했다. 박사는 다시 손을 더듬어 다른 버튼을 찾아 눌렀다.

우우우웅웅-

투명 우주선이 불안하게 흔들리며 공중에 떠올랐다. 투팍은 어딘지도 모르는 곳으로 굴러 넘어졌다. 하지만 투팍의 불행은 거기서 끝이 아니었다. 좀 전에 블랙 큐브를 떨어뜨리는 바람에 메타의 슈퍼컴에 호킹의 개념 큐브의 위치가 전달된 것이다. 박사와 투팍이 투명 우주선을 조종하지 못해 안절부절못하는 사이, 안드로메다 요원들은 투팍이 있는 곳까지 단숨에 우주선을 타고 날아왔다.

무너진 다맹글어 박사의 야심

◎◎◎ 우주선에서 밖을 바라보던 요원들과 호킹의 눈이 휘둥그레졌다. 묘하게 생긴 악당 둘이 하늘에 둥둥 떠 있었다. 투팍은 망토 덕에 더 그럴싸해 보였다.

"와아, 외계인들은 새처럼 하늘도 날아다녀요? 세상에……. 슈퍼맨이 실제로 있었어!"

호킹이 감탄했다.

"그럴 리가 있냐. 레이더에는 두 사람이 엄청 큰 물체에 타고 있는 것으로 나오는데?"

메타가 조종석의 계기판을 보며 중얼거렸다. 잠시 뭔가를 생각하던 메타가 고개를 번쩍 들었다.

"지구의 과학자를 납치했던 이유를 알 것 같아. 바로 저것을 만들기 위해서였던 거야!"

"저것이라니? 아무것도 안 보이는데?"

"잘 생각해 봐. 저 두 악당은 공중에 떠있는 게 아니야. 뭔가를 딛고 서 있는 것처럼 보이잖아. 그리고 납치된 과학자들은 모두 신소재 관련 과학자였고 말이야."

"그렇다면?"

"그래, 바로 눈에 보이지 않는 투명한 우주선이야."

메타의 말에 아작과 호킹은 깜짝 놀랐다.

투명 우주선 안. 다맹글어 박사는 투팍을 닥달하고 있었다.

"빨리 무기 스위치를 눌러! 저 녀석들이 점점 가까이 오고 있잖아!"

"아이참, 뭐가 보여야 쏘든가 하죠!"

투팍은 허둥지둥 손을 더듬거렸지만 제대로 잡히는 것이 하나도 없었다. 투팍은 점점 짜증이 올라왔다.

타탁! 탁! 탁!

갑자기 조그만 물건이 여기저기 부딪히는 소리가 났다. 투팍이 주위를 둘러보니 특수 대형 자석이 들썩들썩거리고 있었다. 기계 장치를 서로 이어주고 있던 나사와 못이 죄다 빠져 나와 자석에 달라붙었다. 호킹의 아빠를 비롯한 납치된 지구의 과학자들이 자석을 갖다 대면 기계 장치를 이어 주는 부품들이 모조리 빠져 버리도록 부속을 느슨하게 연결해 놓았기 때문이었다.

"아니, 이제 어찌 된 일이에요?"

투팍이 외쳤다. 다맹글어 박사가 대답하려는 순간 콰쾅! 하는 폭발음과 함께 투명 우주선은 추락하기 시작했다.

아작과 메타는 아래를 내려다보았다. 보이지도 않는 것이 활활 타고 있었다. 무슨 물질로 만들었는지 몰라도 투명 기능은 아주 확실했다. 여기가 추락 지점이라는 것을 알리는 연기와 불길만이 솟아오를 뿐 무엇이 불타고 있는 건지는 전혀 알 수 없었다.

"투팍 녀석 보여?"

메타의 질문에 아작이 고개를 흔들었다.

"아니, 벌써 도망친 것 같아."

그때 아작의 눈에 우주선이 추락할 때 땅으로 떨어진 블랙 큐브가 보였다. 호킹이 개념을 차근차근 찾아서인지 세 개의 면이 밝게 빛나고 있었다.

납치된 지구의 과학자들은 멀리서 우주선이 불타는 곳을 바라보고 있었다. 과학자 중 한 명이 나알지 박사에게 악수를 청했다.

"박사가 아니었으면 저 투명 우주선 계획은 성공했을지도 몰라요. 악당 녀석들이 원하던 대로 말이죠. 기계 장치를 느슨하게 연결하자고 제안한 게 제대로 먹혔소."

나알지 박사는 고개를 끄덕여 인사를 했다. 하지만 머릿속에는 아들 생각밖에 없었다.

"아빠!"

어디선가 아들의 목소리가 들렸다.

'환청인가?'

나알지 박사는 고개를 갸웃거렸다.

"아빠! 아빠!"

하지만 호킹이의 목소리가 점점 커지더니 급기야 저편에서 달려오는 모습이 보였다.

"앗, 호킹아?!"

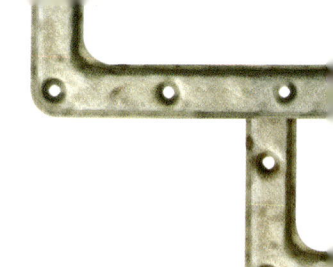

나알지 박사는 깜짝 놀라며 호킹이 뛰어오는 쪽으로 달려갔다. 두 사람은 서로 얼싸 안았다.

"아빠, 이제 아무것도 바라지 않을 테니까 멀리 떠나지만 마세요. 네?"

호킹이 울먹이며 말했다.

"아니야, 아빠가 미안해. 이제 연구 시간을 줄이고, 우리 아들하고 더 많은 시간을 함께 할께."

아빠의 말에 호킹이 고개를 저었다.

"아니에요. 전 아빠가 훌륭한 과학자여서 얼마나 자랑스러운데요. 아빠가 바쁘셔도, 나랑 많이 놀아주지 않아도 아빠를 사랑해요. 그리고……."

호킹은 메타가 아빠의 연구실에서 했던 말이 떠올랐다.

"자석의 같은 극처럼 같이 있어도 밀어내는 관계는 싫어요. 서로 다른 극처럼 떨어져 있어도 딱딱 붙는 관계가 좋아요!"

"오, 우리 아들 똑똑한데? 그래, 마음만은 항상 꼭 붙어 있자꾸나."

순간 개념 큐브의 마지막 네 번째 면에 불이 번쩍 하고 들어왔다. 호킹의 뒤를 따라온 메타가 그것을 보고 말했다.

"흠, 개념이 어느 정도 탑재 되었군. 이제 개념 원구가 네 머릿속으로 다시 돌아가는 일만 남았어!"

"머릿속에 개념을 돌려보낸다니 왠지 무서워요. 수술같은 거라도 해야 하는 거예요?"

호킹이 말하는 순간, 사각형 큐브의 뚜껑이 탁 열렸다. 그리고는 그 안에서 동그란 무지갯빛 원구가 날아오르더니 호킹의 입안을 향해 날아갔다.

"주인인 것을 확인하면 개념은 네게 돌아간다니까."

그것을 보고 메타가 당연하다는 듯 말했다.

"읍읍읍……."

얼결에 개념 원구를 먹은 호킹은 입을 우물거리다 눈을 크게 떴다.

"우와, 맛있어요. 정말 맛있어요!"

그동안 만난 다른 아이들처럼 호킹이도 흥분해서 외쳤다. 이빠도 함께 웃으며 한 손을 내밀었다.

"자, 선물이야."

호킹이가 아빠가 내민 손을 보았다. 아무것도 보이지 않았다.

"야구 배트야. 받아라."

"야구 배트라고요?"

아빠 쪽에 손을 내밀자 정말 뭔가 잡히는 느낌이 났다.

"다맹글어 박사 몰래 틈틈이 만든 거야. 신소재로 만든 투명 야구 배트지."

"투명하다고요?"

호킹이는 손에 잡힌 배트를 휘둘러보았다. 느낌은 나지만 보이지 않으니 영 답답했다.

"어때 마음에 드니?"

아빠가 미소를 지으며 물었다. 호킹이는 머리를 긁으며 답했다.

“배트가 안 보이니 어디로 휘둘러지는지 모르겠어요. 좀 불편한 것 같기도 하고…….”

“그, 그런가?”

아빠는 민망한 듯 얼굴을 붉혔다.

“투명 우주선도 그렇고 투명 배트도 그렇고 무조건 투명하다고 좋은 건 아니네. 역시 눈에 보이는 물질로 만든 것들이 최고야! 맛있는 음식도 눈에 보여야 먹을 수 있는 법!”

아작이 큰 소리로 말했다. 그 말에 모여 있던 사람들이 모두 웃음을 터뜨렸다. 메타와 아작도 활짝 웃으며 손뼉을 마주쳤다.

개념 정리

혼합물과 혼합물 분리

혼합물
두 가지 이상의 물질이 섞여 있는 것으로 각 물질의 성질은 그대로 남아있다.

콘크리트
시멘트+물+모래+자갈 등

팥빙수
팥+얼음+우유 등

공기
산소+이산화탄소+질소 등

…

혼합물 분리
각 물질이 가진 성질을 이용하여 분리할 수 있다.

금속 분리
철, 구리, 금, 은 등의 대부분의 금속은 암석 속에 들어있다. 암석을 뜨겁게 가열하면 금속만 녹아 분리된다.

기름 분리
물 위에 뜬 기름을 흡착포(기름만 흡수하는 종이)를 이용하여 분리한다.

소금 분리
바닷물을 모아서 논처럼 만든 염전에서 태양열, 바람 등으로 물이 증발해 소금만 남는다.

…

4장

나는 흡혈귀 홍현귀

2013년 11월 10일

제 목 : 내가 흡혈귀라니!

오늘은 나의 열 번째 맞는 생일이다. 그런데 내 생애 가장 우울한 날이 되어버렸다. 생일 케이크 앞에서 아빠가 충격적인 말을 한 것이다.

"현귀야, 너도 이제 흡혈귀가 되었단다."

이게 무슨 모기 피 쪽쪽 빨아먹는 소리인가? 처음엔 농담으로 듣고 웃었다. 하지만 아빠는 슬픈 얼굴로 말했다.

"사실 우리 집안은 대대로 흡혈귀의 피가 흐르고 있단다. 엄마가 우리를 떠난 이유도 바로 그 때문이야."

나는 피가 먹고 싶다는 생각을 한 적도 없고 그림자도 멀쩡하게 내 뒤에 붙어 다닌다고 말했다. 그러자 아빠는 10살부터 흡혈귀의 특징이 나타난다고 했다. 그래서 내가 10살이 되는 생일날 알려 주는 거라고, 저주스런 운명을 물려줘서 미안하다고 했다.

흥, 아빠는 장난이 너무 심해!

나는 케이크를 싹 먹어 치우고 방으로 와서 침대에 누웠다. 잠이 쉽사리 오지 않았다. 혹시나 하는 마음에 일어나 밝은 곳으로 가서 내 그림자를 확인했다.

오 마이 갓! 이게 대체 어떻게 된 거지?

정말 내 그림자가 보이지 않았다. 나 이제 어떻게 하지?

2013년 11월 14일

제 목 : 개념 따윈 안드로메다로 가 버려!

체육 시간, 운동장에 모두 모여 운동을 하는데 나만 그림자가 없었다. 깜짝 놀라는 친구들에게 나는 태연하게 말했다.

"그림자가 없는 사람도 있을 수 있지, 뭘."

단 한 가지 신경이 쓰이는 건 짝궁 나연이의 반응이다. 나연이는 체조를 하며 내 손을 잡은 이후로 내 곁에 오지 않았다. 내 손이 얼음같이 차가웠기 때문이다. 어제 아빠가 알려 줬는데, 흡혈귀는 원래 체온이 아주 낮아서 몸이 차갑다고 한다. 나연이에게 만큼은 들키고 싶지 않았는데……. 에잇, 화가 난다! 화가 나!

그런데 학교에서는 '열의 전달과 빛과 그림자'에 대한 개념을 가르치고 있다. 나는 몸도 차갑고 그림자도 없는데……. 이런 처지의 내가 왜 그런 개념을 배우고 있어야 해?

잠이 안와서 창문을 열었다. 별똥별이 길게 꼬리를 남기며 떨어졌다. 별똥별이 떨어질 때 없애고 싶은 개념을 외치면 소원이 이루어진다던 친구의 말이 떠올랐다. 나는 큰소리로 외쳤다.

"열의 전달과 빛과 그림자 따위는 안드로메다로 가 버려!"

한결 머리가 맑아졌다!

지구의 겨울은 정말 추워!

◎◎◎ 아작과 메타는 추위를 피해 바닷가 한적한 곳에 우주선을 숨기고 쉬고 있었다. 아이들이 보낸 개념 택배를 돌려주다 보니 어느새 계절은 겨울이 되었다. 때마침 눈이 내려 세상을 하얗게 덮었다. 우주선 위에도 눈이 소복이 쌓였다. 날이 추우니 평소보다 더 털털거리는 고물 우주선을 타고 다니기도 부담스러웠다. 갑자기 고장이 나서 지구인들 머리 위로 떨어지기라도 하면……? 상상만 해도 끔찍했다. 그래서 날이 조금 풀려 눈이 녹을 때까지 요원들도 우주선과 함께 쉬기로 결정했다.

"아휴, 추워!"

아작은 몸을 덜덜덜 떨며 양손을 빠르게 비볐다. 말할 때마다 입에서는 하얀 입김이 연기처럼 뿜어져 나왔다.

"메타, 이것 봐. 신기해! 입에서 연기가 나와. 하~ 하~!"

호들갑 떠는 아작과는 달리 메타는 조종석에 얌전히 앉아 있었다.

"무슨 생각해?"

아작이 펄펄 끓는 주전자 마냥 입김을 내뿜으며 물었다.

"……."

"내 말 안 들려?"

몸도 추운데 안드로메다에서 함께 온 유일한 동료인 메타가 제 말을 무시하니 아작은 조금 짜증이 났다. 조종석에 바짝 다가가 메타의 몸을 슬쩍 밀며 다시 물었다.

"내 말 무시하는 거야?!"

아작이 건드리자 메타의 몸이 의자 옆으로 스르륵 기울어졌다. 이어 바닥으로 쿵 소리와 함께 떨어졌다.

"엥?"

깜짝 놀란 아작은 웅크린 채로 바닥에 떨어진 메타를 흔들어 보았다. 몸이 얼음처럼 딱딱하게 굳어 있었다.

"으악, 완전히 얼었어!"

아작은 '안고 비비고 문지르는' 마사지 3종 세트로 메타의 몸을 따뜻하게 하려고 부산을 떨었다. 이런 아작의 노력에도 메타는 깨어날 기미가 없었다.

"안 되겠다. 인공호흡을 해야겠어. 근데 내가 이를 며칠 안 닦았더라? 일주일이던가?"

아작이 손등으로 입술을 쓱 닦으며 중얼거렸다.

"으으……."

마치 그 말을 들었다는 듯 메타는 정신을 차렸다.

"이…이런 추추추…추위는 난생 처…처음이야. 지…지구의 겨울은 왜 이리 추…추운거야?"

메타가 더듬거리며 말했다.

"그러게. 아직 배달해야 할 개념도 산더미같이 쌓여 있는데……. 정말 큰일이야."

아작이 뒤쪽에 쌓인 개념 택배 상자를 보며 말했다.

"이렇게 추운데 지구인들은 어떻게 차를 운전하고 다니는 거지? 우주선 안도 이렇게 추운데."

메타가 혼자 중얼거렸다. 얼마 전 개념을 배송할 때 보니 아무리 추운 날이라도 지구의 도로는 자동차로 가득 차 있었던 것이다.

"궁금하면 〈우주 지식인〉에 물어보지 그래?"

아작이 실실 웃으며 말했다.

"너는 〈우주 지식인〉을 믿지도 않잖아."

"믿진 않지만 궁금하긴 해. 이번엔 대체 뭐라고 할지 말이야."

오기가 생긴 메타는 몸을 오들오들 떨며 손목에 찬 슈퍼컴을 가동했다. 속으로 이번만큼은 제발 도움이 되는 답을 내놓기를 바라며……. 슈퍼컴에서 윙윙 소리가 나더니 화면에 홀로그램이 떠올랐다. 홀로그램의 안쪽에선 형형색색의 불빛이 블랙홀같이 빙빙 돌고 있었다. 메타가 그곳에 얼굴을 대고 물었다.

"이렇게 추운 날 지구인들은 어떻게 자동차를 타고 다닐 수 있는 거지?"

홀로그램의 불빛이 이리저리 움직이더니 글자가 딱 떠올랐다.

"푸하하핫!"

아작이 배를 잡고 웃었다.

"역시 〈우주 지식인〉에는 쓸 만한 답변이 없다니까!"

"끄응……."

메타는 민망함에 얼른 슈퍼컴의 작동을 멈추려 했다. 그때 윙윙 소리가 나더니 두 번째 답변이 떠올랐다.

"엥? 히터가 뭐지?"

웃음을 멈춘 아작이 물었다.

"나야 모르지!"

메타는 두 번째 답변 덕에 아작이 더 이상 놀리지 않는 것을 다행으로 여겼다. 계속된 〈우주 지식인〉의 검색을 통해 히터는 뜨거운 바람이 나오는 장치라는 것을 알게 되었다. 갑자기 아작이 자리에서 벌떡 일어나더니 우주선 밖으로 나가려 했다.

"어디 가?"

"히터 구하러 가야지!"

"히터를 어디서 구하려고?"

"어디긴. 지구인들 자동차에서 몰래 떼어 오면 되지!"

아작이 당당한 목소리로 말하자 메타는 어처구니가 없다는 표정을 지었다.

"지구인들에게 민폐 끼치면 안 된다는 것 몰라? 확 국왕님께 이를까 보다!"

"쳇, 고자질쟁이 같으니."

아작은 발길을 돌려 그 자리에 털썩 주저앉더니 다시 호들갑을 떨며 일어섰다.

"으악, 엉덩이 시려!"

금속 재료로 만들어진 우주선 바닥은 얼음장 같았다. 아작은 발로 바닥을 쾅쾅 구르며 투덜거렸다.

"에잇, 이놈의 고물 우주선엔 히터도 없어!"

정신없이 부산스러운 아작과는 달리 메타는 뭔가 조용히 생각하는 눈치였다.

"열이 어떻게 전달되는지 제대로 알아야겠어."

"왜?"

"추운 겨울을 지구에서 지내야 하잖아. 열에 대한 기본 개념을 알아야 조금이라도 더 따뜻하게 지내지 않겠어?"

"음, 일리가 있는 말이야. 근데 난 지금 머리가 아프니까 너 혼자 많이 알

아 돼."

아작은 그 자리에 벌러덩 누웠다. 하지만 이번에도 금세 벌떡 일어났다.

"으으, 바닥이 차가운 걸 또 까먹었네."

이번엔 엉덩이뿐 아니라 등까지 시렸다. 메타는 우왕좌왕하는 아작을 보며 킥킥거렸다.

"그러니까 개념을 알아야 한다고. 개념은 지구 아이들뿐 아니라 우리도 챙겨야 한다니까!"

"잔소리 그만하고 열이 어떻게 전달되는지 빨리 알아내서 우주선을 따뜻하게 해 보자."

"아!"

메타는 아작의 말에 갑자기 뭔가 생각난 듯 뒤쪽에 쌓인 개념 택배 더미로 다가가 하나씩 뒤지기 시작했다.

"뭐해? 이렇게 추운데 배달 가려고?"

아작이 뜬금없는 메타의 행동을 보며 물었다.

"열에 대한 개념을 보낸 아이를 찾아보려고. 그럼 지구에서 따뜻하게 보내는 방법을 찾는 데 도움이 될지도 몰라."

"오호, 그거 좋은 생각인데?"

아작도 달려들어 메타를 도와 우주선 뒤쪽에 쌓여 있는 택배 상자를 마구 뒤졌다. 한참을 뒤지던 메타가 택배 박스 하나를 머리 위로 번쩍 들어 올리며 외쳤다.

"찾았다!"

"무슨 개념이야?"

아작이 상자를 뒤지던 손을 멈추고 가서 메타가 든 박스를 확인했다. 아작은 개념 품목을 확인하고는 기뻐하며 말했다.

"지금 우리 상황에 딱 필요한 개념인걸?"

"서두르자!"

아작이 서둘러 우주선의 시동을 걸었다. 우주선 위에 잔뜩 쌓인 눈이 우수수 떨어졌다.

나는 체온도 낮고 그림자도 없는 흡혈귀야

◎◎◎ 현귀의 집은 시내로부터 조금 떨어진 곳에 위치한 전원주택이었다. 아담한 정원과 빨간 벽돌 건물이 적절히 어우러진 아기자기한 집이었다. 하지만 왠지 모르게 으스스하고 음침한 기운을 내뿜고 있었다. 아작은 딩동! 벨을 눌렀다.

"누구세요?"

"개념 배달 왔어요!"

아작이 외친 지 한참 지나서야 한 아이가 대문을 열고 얼굴을 쑥 내밀었다. 아이답지 않게 눈 밑으로 다크 서클이 길게 늘어져 표정이 무척 우울해 보였다. 아이는 줄 게 있으면 빨리 달라는 듯한 표정으로 두 요원을 빤히 쳐다보았다. 단순히 택배 배달을 온 것으로 생각하는 것 같았다.

그렇다고 개념 원구를 담은 화이트 큐브를 무작정 건네줄 수는 없었다.

"네가 홍현귀니?"

메타의 질문에 아이가 고개를 끄덕였다.

"얼마 전 안드로메다로 개념 보낸 적 있지? 열의 전달 그리고 빛과 그림자 말이야."

그 말에 현귀의 인상이 팍 구겨졌다. 대답도 퉁명스럽게 나왔다.

“그런데 왜요?”

“우리가 다시 가져왔지.”

“어디서요?”

“네가 보낸 곳이 안드로메다니까 당연히 안드로메다지!”

그 말에 현귀가 놀란 표정을 지으며 하늘을 가리켰다.

“저기 수백 광년이나 떨어진 안드로메다요?”

“그렇다니까!”

“그럼……, 외계인?”

“뭐, 그런 셈이지.”

아작이 최대한 부드러운 표정으로 고개를 끄덕였다. 현귀가 갑자기 대문 안으로 쏙 들어갔다. 그리고 문을 쾅 닫았다.

“그걸 뭐하러 가져와요? 그딴 개념은 필요 없어요.”

대문 안에서 현귀가 큰소리로 외쳤다.

“그럴 줄 알았어. 지구 아이들은 도대체 순순히 개념을 돌려받는 경우가 없다니까.”

아작의 구시렁거리는 소리를 듣던 현귀가 뭔가 생각났다는 듯 물었다.

“근데 아저씨들 정말 외계인 맞아요? 저 멀리 안드로메다에서 온?”

“그렇다니까.”

아작은 애써 화를 가라앉히며 대답했다.

“지구인의 시선에서 보면 외계인이 맞지. 우리 행성에 지구인이 오면 지구인이 외계인이 되는 거고."

메타가 덧붙여 설명했다.

"그럼 여기선 아저씨들이 이방인이네요?"

"지구 사람들과는 다르니 그런 셈이지. 하지만 우리는 아주 착한 외계인이니까 걱정하지 말고 이리 와서 제발 개념 좀 돌려받아, 응?"

상냥하게 다독이는 메타의 말에 현귀는 대문을 열고 다시 밖으로 나왔다. 그리고 두 요원을 똑바로 보며 말했다.

"사실 저도 이방인이에요."

"엥? 그게 무슨 말이니?"

뜬금없는 이방인 타령에 메타가 궁금해 물었다. 현귀는 한숨을 쉬며 중얼거렸다.

"휴, 그런 게 있어요……."

그러면서 아작과 메타의 목덜미를 보며 입맛을 슬쩍 다시듯 혀를 날름 거렸다.

"너 왜 그러니? 왜 우리 목덜미를 보고 입맛을 다셔?"

아작이 겁먹은 얼굴로 물었다. 입맛을 다시는 건 맛있는 음식을 앞에 두고 하는 행동인데……?

"아, 제가 그랬나요?"

두 요원이 고개를 끄덕이자 현귀는 바로 사과했다.

"죄송해요. 저도 모르게 그랬나 봐요."

현귀는 슬픈 표정으로 말했다.

"너 정말 무슨 일 있니?"

메타가 조심스레 물었다.

“혹시 해리포터라는 아이를 아세요?”

“그게 누구냐? 우리 배달 대상에는 없는 것 같은데?”

“지구에서 대히트한 소설과 영화 속에 나오는 주인공인데요. 그 아이는 자기가 마법사라는 걸 11살에 알게 되거든요.”

“그런데?”

“저는 올해 10살이에요. 그런데 뭘 알게 되었는지 아세요?”

아작과 메타는 고개를 저었다. 스무고개 하는 것도 아니고 자꾸 대답하기 힘든 질문을 던지니 귀찮았다. 성질 급한 아작이 재촉했다.

“자꾸 뜬구름 잡는 소리 하지 말고 하고 싶은 말 있으면 빨리 해라.”

현귀는 울상을 지었다.

“말하기 쉬운 이야기가 아니니까 그렇죠…….”

“네가 사람이 아니라 몬스터라는, 뭐 그런 이야기는 아니잖아? 그런 것만 아니면 되니까 얼른 말을…….”

“흡혈귀요!”

아작의 말이 채 끝나기도 전에 현귀가 큰소리로 외쳤다. 갑자기 튀어 나온 흡혈귀라는 단어에 요원들은 피식 웃으며 대답했다.

“갑자기 무슨 흡혈귀 타령이야. 몬스터 영화라도 보다가 나온 거니?”

“아니, 그게 아니라 제가 바로 흡혈귀라고요. 늑대인간, 미이라와 더불어 3대 몬스터 중에 하나인 흡·혈·귀!”

갑작스런 현귀의 말에 어리둥절하던 아작의 얼굴이 어느새 붉은 신호등

마냥 새빨갛게 변했다.

"지금 우릴 놀리는 거냐? 우주 최강 핵주먹 맛 좀 볼래?"

아작은 어린아이 머리만한 주먹을 불쑥 내밀며 윽박질렀다. 하지만 현귀의 표정은 진지했다.

"저한테 피 쪽쪽 빨리고 싶으세요? 이거 보세요."

현귀는 입을 크게 벌려 이를 내보였다. 정말 양쪽으로 뾰족한 송곳니가 반짝거렸다. 평범한 지구인과는 확실히 달랐다.

"너, 너 정말 흡혈귀?"

확인하듯 묻는 아작을 향해 현귀가 고개를 끄덕였다. 아작과 메타는 더 이상 할 말을 잃고 서로 바라보았다.

벽난로에서 나무 장작이 타닥타닥 소리를 내며 타고 있는 현귀의 집 안은 정말 따뜻했다. 하지만 소파에 나란히 앉은 요원들과 현귀의 얼굴은 타다 남은 숯처럼 어두웠다. 개념을 돌려주러 왔다가 뜻밖의 고민을 듣게 된 것이다.

"그러니까 너희 집안이 흡혈귀 집안이라는 거지? 10살이 되면 비로소 그 특징이 나타나는 것이고."

메타의 질문에 현귀는 고개를 끄덕였다.

"그래서 사람들 목덜미를 보면 막 물고 싶니?"

홍현귀는 고개를 저었다.

"아빠가 그러시는데 흡혈귀가 사람을 무는 건 옛날이야기래요. 요즘은 동물 피를 마시면 되거든요. 아빠가 사냥을 해서 냉장고에 항상 준비해 두시니까 피를 구하는 건 어렵지 않아요."

"그럼 별 고민도 아니잖아. 그저 남들과 조금 다를 뿐인걸 뭐."

하지만 현귀는 완강하게 고개를 저었다.

"그렇지 않아요. 제 그림자가 사라져 버렸다고요."

"뭐?"

"흡혈귀는 그림자도 없고 거울에 모습이 비치지도 않는대요. 제가 10살 되던 날부터 그 증상이 나타났고요."

"뭐? 설마……."

아작과 메타는 믿을 수 없다는 얼굴로 현귀를 보았다. 현귀는 자리에서 벌떡 일어나 거울 앞에 섰다.

"이리 와서 확인해 보세요!"

아작과 메타가 소파에서 일어나 거울 앞으로 갔다. 현귀의 말은 사실이었다. 거울 안에는 아작과 메타의 모습만 보였다. 하지만 옆을 돌아보면 현귀는 분명히 옆에 서 있었다.

"앗, 정말이네?!"

이런 일은 안드로메다에서도 듣지도 보지도 못한 일이다. 현귀는 한숨을 크게 내쉬며 말을 이었다.

"후유, 사실 이것까진 참을 수 있어요. 근데 짝궁 나연이랑 사이가 멀어지는 건 참기 힘들어요……."

"어쩌다가 사이가 안 좋아졌는데?"

메타의 물음에 현귀는 가만히 고개를 숙였다. 나연이의 목소리가 아직도

귓가에 생생히 들리는 것 같았다.

"너 왜 이렇게 손이 차가워? 기분 나빠!"

체육 시간, 체조를 하며 현귀의 손을 잡은 나연이는 깜짝 놀라며 현귀에게서 멀찌감치 떨어졌다. 그날 이후 나연이는 현귀를 멀리했다.

"열 전달도 제대로 안 되는 제 몸이 너무 싫어요."

아작이 안타까운 표정으로 현귀를 바라보았다. 생각에 잠겨있던 메타가 현귀에게 말했다.

"흠……, 열 전달이 안 된다는 건 말이 안 돼."

"그럼 제가 거짓말이라도 하고 있단 말이에요?"

"그게 아니라, 열이란 건 항상 움직이고 있거든. 더운 데서 찬 데로 말이야. 네 짝꿍 나연이의 손을 잡았을 때 어떤 느낌이 들었어?"

"따뜻했어요."

"그래, 그건 바로 나연의 손에 있는 열이 네 손에 전달되었기 때문이지."

"그럼 나연이는 왜 제 손이 차갑다고 느낀 거죠?"

"나연이의 체온이 너에게로 옮겨 갔으니 열을 빼앗긴 셈이니까. 차가움도 결국 열이 움직여서 느낄 수 있는 거야."

아작의 대답에 현귀가 자신의 두 손을 바라보았다.

"휴……, 어쨌든 전 몸이 차가우니까 따뜻한 열을 전달할 수 없고 옆에 있는 사람의 체온만 빼앗아올 뿐이라는 거네요."

요원들은 현귀가 '열의 전달 그리고 빛과 그림자'에 관한 개념을 안드로메다로 보낸 사정이 조금은 이해되었다. 따뜻한 체온도 그림자도 없으니 사람이 모여 있는 곳에 마음 놓고 갈 수 없을 테고 그 개념들에 대해 알고 싶은 마음도 없어진 것이다. 고민하던 메타가 조심스레 말했다.

"개념을 다시 돌려받고 싶지 않다는 네 마음은 잘 알겠어."

현귀는 고개를 끄덕였다.

"이해해 줘서 고마워요."

"그래도 관련 개념을 아는 것이 네 생활에 도움이 될 거야."

아작이 끼어들며 말했다.

"어떻게요?"

현귀가 의아한 얼굴로 물었다. 아작은 딴 곳을 보며 슬쩍 말을 던졌다.

"원만한 흡혈귀 생활을 위해서도 개념이 필요할 텐데……."

"왜요?"

현귀가 도통 무슨 말인지 모르겠다는 얼굴로 되물었다.

"개념을 제대로 알면 그림자가 생기게 할 수도 있고 또 네 체온을 조금이라도 높이는 방법을 알 수 있을지 몰라. 흡혈귀인 홍현귀가 보통 사람들 사이에서 살아가는 방법을 알아내는 거지! 장담할 수는 없지만……."

"그걸 지금 위로라고 하는 말이에요?"

현귀는 어이없단 표정으로 물었다.

"응!"

아작이 고개를 힘차게 끄덕였다. 현귀는 벌떡 일어나 현관 쪽으로 가서 문을 열었다. 찬바람이 쌩 들이쳤다.

"추운데 문은 왜 열어?"

아직도 분위기 파악 못한 아작이 투덜거렸다.

"나가세요."

"뭐?"

"그런 이유 때문이라면 개념을 돌려받지 않아도 되니까 이제 그만 가 보시라고요!"

현귀가 화가 난 목소리로 말했다.

"밖이 아직도 저렇게 추운데 어디로 가라는 거니?"

아작이 울 듯한 목소리로 말했다.

"저야 모르죠. 안드로메다로 돌아가시던지요."

"너 참 냉정한 아이구나."

아작은 현귀의 속도 모르고 눈치 없는 이야기를 했다.

"그래요. 전 흡혈귀의 피를 타고 나서 피도 눈물도 없는 냉혈 인간이에요. 그러니까 빨리 돌아가세요!"

현귀가 큰소리로 외쳤다. 그 기세에 눌린 아작과 메타는 하는 수 없이 꾸물거리며 일어나 밖으로 나갔다.

현관문이 쾅 하고 닫히는 소리가 들리자마자 메타는 아작을 타박했다.

"넌 왜 그렇게 눈치가 없어? 원만한 흡혈귀 생활을 위해서 개념을 찾으라니?"

"사실이 그렇잖아. 흡혈귀가 갑자기 사람이 될 리가 없는데. 보통 사람들 사이에서 적응하라는 게 잘못이야?"

아작은 아직도 현귀의 반응을 이해할 수 없다는 눈치였다.

"아휴, 개념 큐브를 전달하지도 못하고 그냥 나왔으니 이제 어쩌지?"

메타는 걱정스럽게 말했다.

"걱정 마. 그건 내가 벌써 알아서 했으니까. 이미 개념 큐브는 현귀에게 있지. 푸하핫!"

아작이 가슴을 탁 치며 큰 소리로 웃었다.

한편, 요원들을 쫓아낸 후 잠시 동안 현관문 앞에 서 있던 현귀는 혼자 중얼거렸다.

"그런 개념 따위 몰라도 돼. 어차피 나는 사람들의 눈을 피해 어둠 속에서 살아야 하는 괴물이니까."

거실로 돌아온 현귀는 소파 한쪽 구석에 놓여 있는 화이트 큐브를 발견했다. 요원들과 열의 전달에 대한 대화를 나눈 탓에 현귀에게 개념이 조금 돌아와서 큐브의 한쪽 면엔 희미하게나마 밝은 빛이 들어와 있었다.

"뭐야? 이걸 놓고 갔잖아."

현귀는 화이트 큐브를 들고 재빨리 달려가 현관문을 열었다.

하지만 이미 두 요원은 사라지고 보이지 않았다. 대신 노란색의 메모지 하나만 문 앞에 달랑 붙어 있었다.

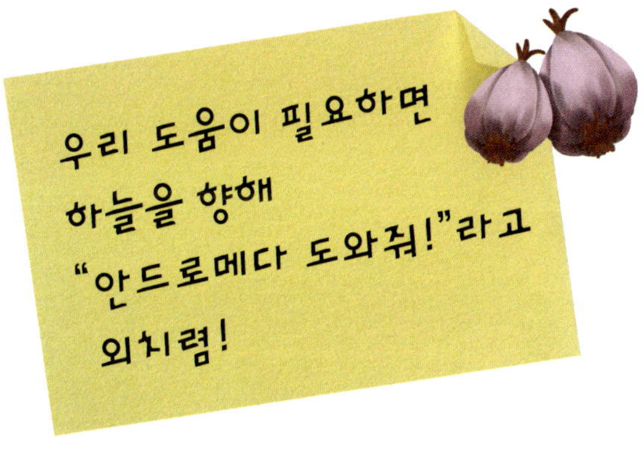
우리 도움이 필요하면
하늘을 향해
"안드로메다 도와줘!"라고
외치렴!

개념 정리

열의 이동과 단열

열의 이동 열은 온도가 높은 곳에서 낮은 곳으로 이동한다.

전도

전도는 온도가 서로 다른 두 물체가 맞닿았을 때 열이 뜨거운 물체에서 차가운 물체로 이동하는 현상을 말한다. 전도로 열이 이동할 때는 열이 통과하는 물질에 따라 속도 차이를 보인다. 예를 들어 쇠로 만들어진 물체는 열이 빨리 이동할 수 있기 때문에 금방 뜨거워지고 금방 식는다. 반면 나무나 유리, 천 등은 열의 이동 속도가 느리다.

대류

액체나 기체의 경우 뜨거운 물질은 가벼워져 위로 올라가고 반대로 찬 물질은 아래로 내려오는데 이런 물질의 움직임을 통해 열이 전달되는 것을 말한다. 그 예로 물을 끓일 때 뜨거운 물은 위로, 찬 물은 아래로 움직이면서 열을 전달한다. 물론 서로 맞닿은 물끼리 열을 전달하기도 하지만(전도) 액체를 가열할 때는 전도보다는 대류가 훨씬 많이 일어난다.

복사

태양열은 태양에서 우주 공간을 거쳐 지구로 전해진다. 태양열은 전도나 대류처럼 중간에 열을 전해 주는 물질이 없어도 이동이 가능하다. 이렇게 중간 전달 물질 없이 열이 전달되는 방법을 복사라고 하고 복사를 통해 전해지는 열을 복사열이라고 한다. 온도가 높은 물체일수록 더 많은 복사열을 내고, 복사열을 잘 내는 물체일수록 복사열을 잘 흡수한다.

단열 열의 흐름을 막는 재료를 사용하여 특정 물체나 공간의 온도를 유지시키는 것

5장

생활 속 열을 찾아라

우주 악당, 목숨을 구하다

◎◎◎ 산속 깊은 곳에 숨겨둔 다맹글어 박사의 우주선 앞에서는 작은 실랑이가 벌어지고 있었다.

"이거 놔라! 화성으로 돌아간다니까!"

다맹글어 박사가 소리를 버럭 지르며 우주선에 오르고 있었다.

"안 돼요. 지구에 남아야 해요."

투팍이 다맹글어 박사의 옷을 꽉 잡았다.

"어허, 화성으로 갈 거라니까!"

다맹글어 박사는 투팍의 손을 거세게 뿌리쳤다.

"절대 안 돼요!"

투팍은 다시 옷을 잡고 늘어졌다.

지금 지구에 있는 유일한 동료인 다맹글어 박사가 화성으로 돌아가 버리면 또다시 혼자서 악당 짓을 해야 한다. 그리고 무엇보다 박사가 우주선을 타고 가 버리면 자신은 걷거나 지구의 대중교통을 타고 아이들의 개념 큐브를 빼앗으려 다녀야 한다. 그건 절대 안 될 말이다. 버스와 지하철 같은 대중교통을 타고 다니는 악당은 아무도 없다. 더군다나 자신은 우주 최강 악당 아닌가. 가려는 악당과 막으려는 악당! 두 우주 악당의 실랑이는 한참 이어졌다.

박사를 말리다 지친 투팍이 결정적인 한마디를 던졌다.

"지금 화성에는 원팍 형이 있잖아요. 우리 형이 얼마나 비겁하고 무리한 요구를 많이 하는지 아시죠? 형하고 있느니 차라리 저랑 지구에 있는 게 훨씬 좋을걸요?"

다맹글어 박사는 멈칫했다. 일리가 있는 말이었다. 뚱땡이 원팍은 물체와 물질도 구분 못하는 바보였다. 그런 주제에 항상 새로운 발명품을 만들어 달라고 조르고, 발명품을 손에 넣으면 인사도 없이 사라지곤 했다. 적막한 화성에 그런 녀석과 단 둘이 있을 것을 생각하니 벌써부터 짜증이 났다.

다맹글어 박사가 망설이는 눈치를 보이자 투팍은 쐐기를 박는 말을 했다.

"지구에서 투명 우주선만 빼고 무엇이든 실컷 만들어 보세요. 원하는 재료는 제가 다 구해 줄 테니까."

"그게 정말이냐?"

"정말이고 말고요!"

투팍이 강하게 자신했다. 하지만 속으로는 딴생각을 하고 있었다.

'악당의 말을 믿다니, 순진하긴…….'

그런 투팍의 시커먼 속셈도 모르고 박사는 고개를 끄덕였다.

"알았다."

다맹글어 박사는 우주선으로 발길을 돌렸다. 투팍은 다시 잽싸게 박사의 팔을 잡았다.

"에이, 왜 또 어디 가시려고요?"

"의심도 많군. 밖이 너무 추워서 안에 들어가려는 것뿐이니 걱정 마라."

그 말에 투팍은 얼굴빛이 밝아 졌다.

"그럼 이제 화성으로 돌아갈 생각은 안 할 거죠?"

"그래. 더 있어 보자꾸나."

"좋아요. 우리 둘이 지구를 정복해 봐요. 팍팍!"

투팍이 신 나서 외쳐 댔다. 하지만 우주선 안으로 들어온 박사는 채 10분도 지나지 않아 우주선을 작동했다.

윙윙윙-

우주선이 진동으로 떨리기 시작했다. 한쪽 구석에서 아이들 개념 큐브를 어떻게 빼앗을까 고민하던 투팍은 눈을 동그랗게 뜨고 박사에게 다가 갔다.

"우주선은 왜 작동시키는 거예요?"

"안에 들어와도 너무 추운데? 그냥 화성으로 가야겠다."

"아, 왜 자꾸 이랬다저랬다 그래요!"

투팍은 변덕쟁이 다맹글어 박사에게 슬슬 질렸지만 대안이 없었다. 우선 추위부터 해결해야 했다.

'망토라도 벗어 줘야 하나?'

고민하던 투팍의 눈에 우주선 창 밖으로 멀리 떨어져 있는 오두막이 보였다.

"우선 저곳으로 가 봐요. 여기보단 낫겠죠."

오두막은 비어 있었다. 산속에 약초를 캐러 오는 사람들이 임시로 머무는 집인 듯했다. 작은 벽난로도 있었다.

안으로 들어간 투팍과 다맹글어 박사는 주변의 나무를 긁어모아 불을 지폈다. 얼마 지나지 않아 오두막 안은 훈훈해졌다.

"따뜻하니 좋네요."

투팍이 손을 비비며 말했다.

"몸이 따뜻해지니까 졸리는구나……, 흠냐."

다맹글어 박사가 꾸벅꾸벅 조는 모습을 보자 투팍도 눈이 서서히 감겼다.

꾸벅꾸벅 졸기 시작한지 얼마나 지났을까? 누군가의 목소리가 희미하게 들려왔다.

"여기서 자면 안 돼요. 빨리 일어나요……!"

마치 속삭이듯 멀리서 들려오는 소리 같았다. 투팍은 일어나려 했으나 몸이 말을 듣지 않았다.

'그냥 이대로 계속 자고 싶어.'

하지만 속삭임은 계속되었다.

"여기서 자면 죽을 수도 있어요!"

소리는 반복되며 점점 커졌다. 투팍은 간신히 눈을 떴다.

숨이 턱 막히고 머리가 깨질듯이 아팠다. 머리를 움켜쥐고 앞쪽을 보니 처음 보는 남자의 모습이 보였다. 누구냐고 물어보려는데 입이 얼어서 말이 나오지 않았다. 몸도 덜덜 떨렸다.

'분명 따뜻하게 나무로 불을 지피고 잤는데……?'

주위를 살펴보니 창문과 현관문이 다 열려 있었다. 그곳에서 강한 눈바람이 들이치고 있었다.

투팍이 깨어나는 것을 확인한 남자는 이번에는 다맹글어 박사를 마구 흔들며 소리쳤다.

"일어나요!"

투팍은 잠이 덜 깨 갈라진 목소리로 물었다.

"당신은 누군데 우릴 깨우는 거야?"

"당신들 질식사할 뻔했다고요. 나무가 타면서 나온 저 자욱한 연기, 안 보여요?"

투팍은 화들짝 놀라 벽난로를 보았다. 연기가 오두막 안에 가득했다.

"으… 으……."

다맹글어 박사도 정신이 들었는지 머리를 양손으로 싸안은 채 끙끙 신음 소리를 내고 있었다. 투팍은 재빨리 박사를 부축했다.

정신을 차린 다맹글어 박사는 몸을 덜덜 떨었다.

"왜 문을 다 열고 난리야?"

"박사님, 우리 죽을 뻔했어요."

"죽다니, 우리가 왜 죽어?"

투팍이 벽난로를 가리키며 설명하자 박사의 얼굴도 창백해졌다.

"졸지에 지구에 뼈를 묻을 뻔했군."

박사는 여전히 추위에 덜덜 떨고 있었다. 투팍도 마찬가지였다. 남자는 그 둘을 안쓰럽게 바라보더니 등에 멘 배낭에서 뭔가를 꺼내 건네주었다.

"이걸 몸 곳곳에 붙이세요. 금방 따뜻해질 거예요."

"이게 뭐요?"

"핫팩이잖아요. 몰라요?"

남자가 이상하다는 듯 둘을 쳐다보았다. 다맹글어 박사는 아무렇지도 않게 답했다.

"당연히 모르지. 우린 우주에서 왔으……, 흡!"

투팍이 깜짝 놀라 다맹글어 박사의 입을 틀어막았다.

"우주에서 왔다고요?"

남자가 의아한 얼굴로 물었다. 투팍이 어색한 미소를 지으며 답했다.

"아호호홍홍, 저희 삼촌이 아직 정신을 못 차린 것 같네요. 삼촌이 시내에 있는 우주 반점에서 짜장면 배달을 하시거든요. 그래서 우주에서 왔다고 말하는 거예요."

"아, 그래요? 저도 짜장면 참 좋아하는데."

남자는 웃으며 말했다.

졸지에 짜장면 배달원이 된 다맹글어 박사는 따지려고 했지만 계속 입으로 들이치는 찬바람 때문에 아무 말도 할 수 없었다.

'가만 있자. 이걸 붙이면 따뜻해진다고 했지?'

다맹글어 박사는 남자가 준 핫팩이라는 것을 뜯어 자신의 입에 붙였다. 시간이 조금 지나자 입 주변이 점점 따뜻해졌다. 남자는 다맹글어 박사의 모습을 보고 큰소리로 웃었다.

"입에 핫팩을 붙이다니 재밌는 분이네요, 하하."

다맹글어 박사는 놀림을 당하는 것 같아 화가 났다. 하지만 입에 핫팩을 붙이고 있으니 말이 제대로 나오지 않았다.

"머가 재미다느 거지? (뭐가 재밌다는 거지?)"

그런 모습이 더 재미있는지 남자는 눈물까지 흘리며 배를 잡고 굴렀다. 잠시 후 남자는 눈물을 닦으며 핫팩을 몇 개 더 꺼냈다.

"이게 마음에 드시나 봐요?"

남자는 다맹글어 박사의 몸 여기저기에 핫팩을 붙여 주었다. 조금 있으니 입술과 마찬가지로 온몸에 온기가 돌았다.

"이거 저마 조쿠머! (이거 정말 좋구먼!)"

다맹글어 박사는 지구에서 만난 핫팩이라는 발명품이 마음에 쏙 들었다. 투팍도 온몸을 따뜻하게 해주는 핫팩에 기분이 좋아져 조금 전까지 죽을 뻔한 사실도 잊었다.

"그런데 두 분은 여기서 뭐하세요?"

남자가 물었다.

"산중에 길을 잃어서 헤매고 있다가 들어왔어요."

투팍이 재빨리 임기응변을 발휘해 말했다.

"이상하다? 여긴 겨울에 사람이 올만 한 곳이 아닌데……."

남자가 고개를 갸웃거렸다.

"아, 누가 여기로 짜장면을 시켜서 배달을 가야 하는데 삼촌이 저더러 같이 가자고 하셔서……. 삼촌이 직업 정신이 투철하세요."

"짜장면요? 배달 가방은요?"

"아, 그러니까……, 배달을 가다가 길을 잃어서 배도 고프고 그냥 저희가 먹어 버렸어요. 아호호홍홍. 그러는 당신은 여기 뭐하러 왔어요?"

투팍이 얼른 말을 돌려 남자에게 질문을 던졌다.

"사냥하러 왔어요."

"사냥이요?"

"네. 따뜻한 동물의 피가 필요해서."

거기까지 이야기한 남자는 자리에서 일어났다.

"자, 몸이 좀 녹았으니 우리 집으로 같이 갑시다."

"집은 왜요?"

"연기에 중독되었으니 집에 가서 안정을 취하면서 좀 쉬다 가요."

투팍은 다맹글어 박사의 의사가 궁금해서 슬쩍 보았다. 다맹글어 박사는 입에 있는 핫팩을 떼더니 물었다.

"혹시 집에 가면 이런 게 더 있소?"

남자는 고개를 끄덕였다.

"필요한 만큼 드릴 테니 가시죠."

다맹글어 박사가 재빨리 따라나섰다.

"정말 같이 가려고요?"

투팍도 따라 일어서며 물었다.

"저 핫팩이란 물건의 원리를 알아야겠어."

다맹글어 박사의 눈이 호기심에 반짝거렸다.

"아, 이럴 때가 아닌데. 개념 큐브를 빨리 찾아야 하는데……."

투팍은 투덜거리며 따라갔다.

열 전달에는 온돌이 최고

◎◎◎ 안드로메다 요원들이 두고 간 화이트 큐브를 이리저리 살피던 현귀가 중얼거렸다.

"이 안에 개념이 들어있다고? 근데 안드로메다로 보내 버린 개념을 어떻게 떠올리라는 거야?"

현귀는 화이트 큐브의 뚜껑을 열어 보려고 손에 힘을 주었다. 하지만 요령을 모르니 아무리 힘을 줘도 열리지 않았다.

현귀는 포기하고 큐브를 책상 위로 휙 던졌다. 어차피 안드로메다로 보낸 개념이니 큐브 안에 들어 있건 없건 별 상관없었다. 그때 마당에서 발소리가 나더니 현관문이 덜컹 열렸다. 현귀의 표정이 밝아졌다.

"아빠다!"

산으로 동물을 사냥하러 간 아빠가 돌아온 것이다. 현관으로 달려 나가던 현귀는 그 자리에 우뚝 섰다. 아빠만 온 것이 아니었다. 처음 보는 사람들도 있었다. 그것도 두 명씩이나.

'설마 저 사람들을 사냥해 오신 건 아니겠지?'

하지만 첫인상이 그리 좋지 않은 사람들이었다. 아빠가 당하면 당했지 두 사람이 아빠에게 당할 것 같아 보이진 않았다.

"현귀야 뭐하니? 인사해야지."

현귀의 속도 모르고 아빠는 다짜고짜 인사를 시켰다.

"안녕하세요. 홍현귀입니다."

"그, 그래."

두 사람은 어색하게 인사를 받았다.

"자, 추울 텐데 따뜻한 온돌방에서 몸 좀 녹이세요."

"온돌방이요?"

아빠의 말에 다맹글어 박사가 호기심 어린 눈으로 되물었다.

"네. 지금쯤 아주 펄펄 끓고 있을 겁니다."

아빠는 두 사람을 안방으로 안내했다. 현귀는 입을 쭉 내밀고 따라갔다. 잘 알지도 못하는 사람들을 집 안으로 들인 아빠를 이해할 수 없었다.

"비상식량인가?"

현귀는 중얼거렸다. 아빠가 저 두 사람 목덜미를 콱! 으……, 그건 상상만 해도 끔찍했다. 아니, 이런 상상을 하는 자신이 원망스러웠다.

'내가 왜 이렇게 된 거야?'

이 모든 게 저주받은 운명 때문이었다. 나중에 아빠처럼 어른이 되면 직접 신선한 피를 구해야 한다. 밤마다 토끼며 노루며 동물 사냥이나 다녀야 한다고 생각하니 또 울적해 졌다.

방 안에선 들뜬 목소리가 들렸다.

"우와, 이거 엉덩이가 살살 녹는데요?"

투팍이 온돌방에 엉덩이를 떼었다 붙였다 하면서 호들갑을 떨고 있었다.

"그러게. 공기도 훈훈하고 정말 좋은데?"

다맹글어 박사도 만족스런 표정으로 말했다. 박사는 온돌방에 가부좌를 틀고 앉아 있었다. 오두막에서 이곳까지 걸어오는 동안 얼었던 몸이 따뜻해졌다.

"이거 방바닥에 뭘 깔아 둔 거야? 핫팩을 천 개쯤 붙인 건가? 아니, 만 개쯤?"

다맹글어 박사가 손으로 바닥을 쓸며 중얼거렸다. 그 소리를 들은 현귀의 아빠가 말했다.

"따뜻함의 비결은 온돌이에요."

"온돌?"

"우리 집은 전통 난방 방식인 온돌로 지었어요. 온돌은 아궁이에서 불을 때면 불기운이 방 밑을 지나 방바닥에 깔려 있는 돌(구들장)을 데우고 이 돌로 인해 방 전체가 따뜻해지는 장치에요. 불기운은 방을 데운 후 굴뚝으로 연기와 함께 빠져나가고요. 오두막에서처럼 벽난로의 연기에 중독되는 위험한 일은 절대 없지요."

아빠의 말에 다맹글어 박사가 아는 체를 하며 말했다.

"온돌은 열의 전도와 복사, 대류를 동시에 이용하는 방법인가 보군. 방바닥에 깔린 돌에서 우리 엉덩이로 열이 전달되는 것은 전도이고, 방바닥의 온도로 방 전체가 따뜻해지는 건 복사이고, 뜨거운 공기가 구들장을 지나 굴뚝 위로 빠져나가는 건 대류지."

박사의 말에 아빠가 놀라며 말했다.

“와, 정말 대단하시네요? 짜장면 배달 전문가인줄 알았는데 열의 이동 원리에 대해서도 잘 아시다니.”

“우하하! 내가 모르는 과학은 없지.”

아빠의 칭찬에 다맹글어 박사는 신 나서 웃었다. 그리고 옆에서 호들갑스럽게 앉았다 누웠다 하는 투팍을 보며 말했다.

“이 친구하고 이 친구 형은 참 무식해. 아는 게 없어. 우주 최강 무식꾼들이야.”

“그래요? 우주 반점에서 가장 무식한가 보죠? 하하.”

"그 우주가 그 우주 반점이 아니긴 한데……, 뭐 상관있나? 무식한 것만은 사실인걸. 우하핫!"

아빠와 박사는 장단을 맞추며 웃었다.

"둘이 아주 신 났군, 신 났어!"

투팍은 혼잣말로 투덜거리며 자리에서 슬그머니 일어났다.

다맹글어 박사의 타박에 마음이 상한 투팍은 온돌방에서 나와 집 안 여기저기를 돌아다녔다. 두리번거리던 투팍은 현귀의 방문을 열었다. 방 안에는 몇 권의 책과 책상, 침대가 놓여 있었다.

"여긴 아까 그 아이의 방인가 보네?"

문을 다시 닫으려던 투팍의 시선에 딱 꽂히는 것이 있었다. 바로 책상 위에 놓여 있는 화이트 큐브였다.

"아니, 저게 왜 여기 있는 거지?"

투팍은 안으로 달려가 큐브를 주워 들었다. 흥분으로 손이 또 달달달 떨렸다. 불빛이 한쪽 면만 켜진 것으로 봐서는 아직 개념을 제대로 찾지 못한 것 같았다.

"그렇다면 이건 내가 실례."

투팍은 화이트 큐브를 품 안에 숨기고 방을 몰래 빠져나왔다. 마침 안방에서 현귀와 아빠가 나왔다. 투팍은 집을 구경하는 척 딴청을 부렸다.

"핫팩 좀 더 찾아올게요."

아빠가 투팍을 보며 말했다. 투팍은 휘파람을 불며 고개를 끄덕였다. 두 사람이 2층으로 향하는 것을 확인한 투팍은 안방으로 뛰어갔다. 그리고 그새 졸고 있던 다맹글어 박사를 깨워 큐브를 슬쩍 보여 주었다. 박사의 눈이 휘둥그레졌다.

"아니, 이게 어디서 난 거냐?"

"쉿!"

투팍은 조용히 하라고 손가락을 입에 댔다.

"지금 빨리 나가야 해요."

두 악당은 발꿈치를 들고 살금살금 집 밖으로 나갔다.

겨울이 사라진 도시

◎◎◎ "앗싸, 개념 큐브를 그냥 얻었다!"

밖으로 나온 투팍은 큐브를 들고 만세를 불렀다. 지구에 온 이후로 가장 손쉽게 얻은 큐브였다. 하지만 다맹글어 박사는 기분이 썩 좋아 보이지 않았다.

"개념 큐브를 찾은 건 좋은데 다시 추워졌잖아. 핫팩도 못 받아 왔는데……. 에휴, 벌써 따뜻한 온돌 생각나네."

박사는 미련이 남은 듯 자꾸 현귀의 집을 뒤돌아보았다.

"핫팩이나 온돌같이 따뜻한 것을 원해요? 아호호홍홍."

투팍이 경망스럽게 웃으며 박사에게 물었다.

"내가 원한다고 네가 해 줄 수 있냐? 난 온돌을 우리 우주선에 어떻게 설치할지나 연구해 봐야겠다. 음, 어디에 아궁이를 만들면 좋을까?"

"아니, 우주선에 아궁이를 어떻게 만들어요? 그리고 이제 그럴 필요 없다니까요!"

투팍은 품에서 블랙 큐브를 짠 하고 꺼냈다. 그리고 현귀의 화이트 큐브에서 개념 원구를 꺼내 블랙 큐브로 옮겨 담았다. 그러자 큐브 안에서 마치 안개같은 바이러스가 퍼져 나왔다. 개념 바이러스였다.

바이러스가 허공을 향해 퍼져나가자 잿빛 구름이 서서히 걷히기 시작했다. 잠시 후, 하늘이 맑아지고 밝은 빛이 내리쬐었다.

"엥, 이게 어떻게 된 거냐?"

다맹글어 박사가 깜짝 놀라 물었다.

"이 큐브에 열의 전달 그리고 빛과 그림자에 대한 개념 원구가 있잖아요."

"그렇지."

"여름처럼 뜨거운 햇살이 쏟아지는 바이러스를 뿌렸어요."

"허, 정말 놀랍군."

개념 바이러스가 퍼져 나갈수록 태양 빛은 점점 강해졌다. 빛이 닿는 곳마다 눈은 녹아 사라지고 그 범위도 점점 넓어졌다. 다맹글어 박사도 개념 바이러스의 위력이 이렇게 강한 줄은 미처 몰랐다. 투팍이 그렇게 개념 큐브에 목을 메는 이유를 이제야 알 것 같았다.

바이러스가 퍼져 갈수록 빛은 점점 강해지고 가까운 도시부터 한순간에 여름처럼 뜨거워지기 시작했다. 조금 전까지 영하의 기온이었다는 게 믿기지 않을 정도였다. 사람들은 겉옷을 하나씩 벗어 던졌다.

"무슨 일이야? 너무 덥잖아."

"한 여름의 크리스마스를 맞게 생겼어. 이상 기온 아니야?"

"이상 기온이면 어때? 따뜻하니 정말 좋은걸."

사람들은 한 마디씩 하면서 거리로 쏟아져 나왔다.

아빠와 함께 집에 있던 현귀도 갑작스런 날씨 변화에 어안이 벙벙했다. 2층 창고에서 핫팩을 찾아 내려와 보니 집 안에 있던 사람들이 사라지고 없었다. 몇 시간 후, 현귀네 집 주변까지 눈이 모두 녹아 버렸다. 뜨거운 햇빛이 창문 가득 쏟아졌다.

"지구가 거꾸로 돌고 있나?"

별에 별 생각이 다 들었다. 한겨울에 맞이한 따뜻한 날씨는 나쁘지 않았다. 하지만 갑자기 더워진 날씨에 난방까지 하고 있으니 땀띠가 생길 판이었다. 현귀 아빠는 아궁이에 때던 불을 끄기 위해 밖으로 나갔다.

자신의 방으로 돌아온 현귀는 책상 위에 놓아둔 화이트 큐브가 사라진 것을 알았다.

"어디 갔지?"

방 여기저기를 샅샅이 뒤졌지만 보이지 않았다. 문득 아빠가 데려온 두 사람이 의심스러웠다.

"찾으러 나가 볼까?"

잠시 고민하던 현귀는 그냥 침대에 털썩 주저앉았다.

"개념 큐브 따위야 없어지건 말건 나랑 무슨 상관이야."

중요한 것은 날씨가 춥건 덥건, 지구가 거꾸로 돌건 말건 자신도 변함없이 흡혈귀라는 점이었다.

그렇게 며칠이 지났다. 추위가 사라지고 더운 날만 계속되자 도시 곳곳에 부작용이 나타나기 시작했다. 가장 큰 문제는 역시 어둠이 오지 않는 점이었

다. 24시간 밝은 빛이 비추니 사람들의 생체 리듬은 엉망이 되고 있었다. 극지방에서 발생하는 백야 현상이 개념 바이러스로 인해 이곳에서도 벌어지고 있었다.

현귀 아빠는 대문 앞에서 망설이고 있었다. 지난번 사냥으로 구한 동물 피가 다 떨어져 새로운 피를 구하러 가야 했다.

지금 시각은 밤 11시. 평소라면 바로 앞도 분간 못할 정도로 깜깜하겠지만 지금은 대낮처럼 환했다. 그렇다고 밝은 빛으로 가득한 바깥으로 나갈 용기는 없었다. 사람들이 그림자가 없는 자신을 수상하게 여길 것이 뻔했다.

현귀도 잠을 이루지 못하고 거실을 서성이다가 아빠에게 말했다.

"차라리 모든 빛이 사라지면 좋겠어요. 그럼 그림자도 생기지 않을 테니까요."

"우리만 살겠다고 어두운 세상이 되길 바라는 것은 이기적이야."

아빠가 현귀의 머리를 쓰다듬으며 말했다. 그리고 안방으로 가서 옷장을 열어 선글라스와 모자를 꺼내 눌러쓴 뒤 현관문으로 나섰다.

"선글라스랑 모자가 무슨 소용이에요?"

"그래도 내가 누군지 알아 보기 힘들 테니……. 사람들 눈에 안 띄게 빨리 움직이면 될 거야."

아빠가 나간 뒤 현귀는 소파에 앉아 가만히 생각했다. 아무래도 며칠 전 아빠가 데려왔던 사람들이 수상했다. 지금의 이상한 현상은 그들과 함께 개념 큐브가 사라지면서 시작된 것이다.

"이대로 두고 볼 수만은 없어."

아빠와 사람들이 힘들어 하는 것을 더 이상 모른 척 할 수는 없었다. 현귀는 마당으로 나가 하늘을 향해 외쳤다.

"안드로메다 도와줘!"

개념 정리

생활 속 열 전달과 단열

생활 속 열 전달

냄비

냄비는 쇠로 만들어 열의 전달이 빨라(전도) 찌개나 국물을 쉽게 끓일 수 있다. 진흙으로 만든 뚝배기는 열이 천천히 전달되지만 그만큼 음식이 금방 식지 않는다는 장점이 있다.

모빌*

모빌 아래 양초를 두면 촛불로 데워진 뜨거운 공기가 위로 올라가가고 찬 공기가 밀려나면서(대류) 모빌이 움직인다.

*모빌 : 실이나 철사로 메달아 균형을 이루게 한 조각이나 공예품.

난로

난로에 손을 가까이 가져가면 난로의 복사열 때문에(복사) 주위 공기가 따뜻하지 않아도 몸 앞쪽은 따뜻해지는 것을 느낄 수 있다.

...

생활 속 단열

아이스박스

아이스박스는 대부분 열전도율이 낮은 플라스틱이나 스티로폼으로 만들어져 열의 이동과 공기의 흐름을 막아 낮은 온도를 유지한다.

보온 도시락

보온 도시락 내부와 외부 사이는 진공(공기가 없음)상태이다. 공기가 없으면 열의 이동이 거의 되지 않기 때문에 열이 바깥으로 빠져나가는 것을 막아 준다.

방열복

강한 열과 빛에 강한 특수 소재로 만들어 열의 이동을 막는다. 우주복, 소방복, 레이서 유니폼 등으로 널리 사용된다.

*방열복 : 뜨거운 열이나 화재 등의 피해를 막기 위해 입는 옷

...

6장

빛이 있어야 그림자가 생기는 법

더울 때도 추울 때도 단열!

현귀가 하늘을 향해 소리친 뒤 얼마 지나지 않아 안드로메다 요원들이 나타났다. 요원들 역시 더위에 지친 모습이었다. 지난번에 덜덜 떨면서 왔을 때와는 딴판이었다. 현귀는 최근에 있었던 일들에 대해 설명했다. 개념 큐브를 잃어버렸다는 대목에서 요원들의 얼굴이 종이처럼 구겨졌다. 메타는 잔소리하고 싶은 충동을 누르며 물었다.

"그 두 사람 어떻게 생겼어?"

"한 명은 얼굴이 오이처럼 길었어요. 한 명은 나이가 많았고……. 아무튼 둘 다 아주 비호감이였어요."

"얼굴이 길다고? 역시 우주 악당 투팍의 짓이군."

메타가 말했다.

"그런데 너희 집은 왜 이리 덥니?"

아작이 땀을 닦으며 물었다.

"요즘 안 더운 집도 있어요?"

"유난히 더운 것 같은데? 집 전체가 열 전달이 너무 잘되고 있잖아."

"그래서 어쩌라고요? 이게 다 그 우주 악당이 뿌린 바이러스 때문이라면서요?"

"그래도 열의 전달을 막기 위한 노력은 해야지. 단열 말이야."

메타가 끼어들어 대답했다.

"단열이 뭔데요?"

"막을 단(斷), 열 열(熱)! 바로 열의 전달을 막는다는 뜻이지. 겨울철에는 집 안에 있는 열이 빠져나가지 않게 하고, 여름철에는 집 안으로 열이 들어오지 않게 해서 온도를 적당히 유지시키는 것 말이야."

"음, 아빠가 처음 이 집을 지을 때 벽돌 사이에 스티로폼을 넣었는데……. 그것도 단열인가요?"

현귀는 고개를 갸웃거리며 물었다.

"맞아! 물체와 물체 사이 즉, 벽돌과 벽돌 사이에 열의 전달을 효과적으로 막을 수 있는 단열재인 스티로폼을 넣어서 열이 서로 통하지 않게 한 것이지. 보온병도 스테인레스 병 안에 유리로 된 병을 하나 더 넣어서 안과 밖의 열이 통하지 않게 만든 것이란다."

메타의 설명이 끝나자 현귀는 땀이 주르륵 흐르는 아작의 이마를 가리키며 다시 물었다.

"이 방은 단열 장치가 되어있는데도 이렇게 더운 걸 어떡해요. 아니, 저 외계인 아저씨는 뚱뚱해서 땀이 많이 나는 건가?"

"뭐라고?"

그렇잖아도 더위에 익어서 붉어진 아작의 얼굴이 더 붉게 물들었다. 메타가 아작을 진정시키며 거실의 창문을 가리켰다.

"여길 봐. 창문으로 햇빛이 그대로 들어오고 있잖아. 창문을 커튼으로 막으면 도움이 될 거야. 그럼 단열도 되고 빛도 차단할 수 있으니 일석이조지."

"아, 그렇겠네요. 생각을 미처 못했어요."

간단한 것인데 왜 생각을 못한 건지 현귀는 자신이 바보 같이 느껴졌다.

"그건 네 잘못이 아니야. 음, 안드로메다로 개념을 보내서 모르는 거니까 네 잘못이 맞나?"

더위 때문인지 메타도 오락가락 했다.

"그런데 이 우주 악당 녀석들은 덥지도 않나? 이런 무식한 바이러스를 퍼뜨리고 난리야."

아작이 땀을 닦으며 투덜거렸다.

그 시각, 도시를 돌아다니고 있는 다맹글어 박사와 투팍의 얼굴에서도 땀이 비 오듯 쏟아지고 있었다. 악당이라고 더위를 안 타는 것은 아니었다. 다맹글어 박사가 투팍에게 불만스럽게 말했다.

"근데 너무 덥지 않나?"

"에구, 그러게요."

투팍은 머리를 긁적이며 말했다.

"한 치 앞도 못 보는 녀석 같으니. 못된 짓도 머리를 쓰면서 해야지!"

"윽……."

투팍의 입에서 신음소리가 절로 나왔다. 투팍은 다맹글어 박사가 슬슬 미워지기 시작했다. 놀라운 발명품을 만들어 개념을 빼앗는데 도움이 될까

스티로폼

해서 데려왔는데 박사는 지금까지 별로 한 일이 없었다. 기껏해야 투명 우주선을 만들었다 박살 낸 것뿐이었다. 그것도 지구 과학자들의 힘을 빌어 만든 것이었다. 우주 최강 발명가라는 수식어가 부끄러웠다. 우주선만 아니면 그냥 콱……!

'나중에 기회 봐서 박사의 우주선을 몰래 훔쳐 달아나야겠어!'

우주선이 없어져 당황하는 다맹글어 박사의 모습을 상상하니 절로 웃음이 나왔다.

"아홍…호호홍……."

박사가 이상한 눈으로 투팍을 쳐다보았다.

"갑자기 왜 실실 웃어?"

자신의 속마음을 들킨 것 같아서 투팍은 뜨끔했다.

"제가 그랬나요? 날이 너무 더워서 정신이 이상해졌나 봐요. 아호홍!"

"싱거운 녀석 같으니. 얼른 따라오기나 해라."

다맹글어 박사는 앞장서서 걷기 시작했다.

"어디 가요?"

"당장 할 일도 없으니 홍현귀네 집으로 가서 핫팩 좀 가져와야겠다."

"핫팩은 왜요? 이렇게 더운데 그게 왜 필요해요?"

투팍이 이해가 안 간다는 표정으로 물었다.

"쓸 데가 있어."

박사가 음흉한 미소를 지으며 말했다.

"큐브를 훔친 걸 알아챘을 텐데……. 난 못 가요, 못 가."

투팍이 손사래를 치자 다맹글어 박사가 쏘아붙였다.

"훔치는 게 네 전문이잖아. 핫팩도 훔치면 되지. 이 우주 최강 도둑아!"

"윽."

아무리 악당이라도 대놓고 도둑이라는 소리를 듣자 기분이 나빴다. 투팍은 박사의 뒤를 졸졸 따라가며 우주선을 반드시 훔쳐야겠다고 다시 한 번 결심했다.

우주 악당들이 집으로 오는 것도 모르고 현귀와 요원들은 대화를 나누고 있었다. 현귀가 냉장고에서 컵 아이스크림을 꺼냈다.

"이거 드세요. 더위가 조금 가실 거예요."

"우와, 맛있겠다."

아작은 컵 아이스크림을 받자마자 숟가락으로 마구 퍼먹었다. 반면 메타는 컵 아이스크림을 관찰하며 천천히 먹고 있었다.

"이런 컵에 담긴 아이스크림은 왜 가장자리부터 녹는지 알고 있니?"

"아이스크림을 먹으면서 그런 것까지 생각해야 해요?"

현귀가 아이스크림을 먹다 말고 메타를 쳐다보았다.

"맞아. 너는 매사에 너무 진지해. 헤헤, 맛있다!"

아작이 현귀 편을 들며 말했다.

"이게 다 네가 보낸 개념인 열 전달과 관련이 있으니까 하는 말이지."

현귀는 메타가 들고 있는 컵 아이스크림을 자세히 보았다. 정말 가장자리부터 녹고 있었다.

“이건 내 체온 즉, 내 손의 따뜻한 열이 아이스크림으로 전달되었기 때문이야. 봐봐, 내 손이 닿은 가장자리부터 녹기 시작하지?”

현귀는 메타의 말을 들으며 자신의 컵 아이스크림을 보았다.

“어? 이것 보세요. 제 아이스크림도 녹고 있어요!”

현귀가 아작의 어깨를 툭툭 치며 외쳤다. 아작은 현귀의 아이스크림을 보고 흥분해 외쳤다.

“어? 체온이 돌아왔나? 이것 봐, 메타!”

메타는 한숨을 쉬며 대답했다.

“이건 손의 열 때문이 아니라 태양 복사열 때문에 그런 거잖아. 이것 봐, 가장자리가 아니라 윗부분부터 녹고 있지?”

현귀는 다시 시무룩해졌다. 메타가 아작에게 속삭였다.

“현귀에게 괜한 기대주지 말라고.”

메타가 현귀의 어깨 위에 손을 얹고 토닥토닥했다.

“자, 네가 빨리 개념을 탑재해야지 지금 이 상황을 바꿀 수 있어.”

메타의 말에 시무룩하게 있던 현귀는 대답했다.

“제가 개념을 다시 되찾아 봐야 무슨 소용 있겠어요. 어차피 흡혈귀의 운명에서 벗어날 수 없잖아요.”

“그렇다고 무기력하게 있을 셈이냐? 투팍이 네 개념 큐브로 벌인 일을 보라고. 네가 우리를 다시 부른 이유도 지금 상황을 바꾸고 싶어서잖아?”

메타가 조목조목 따지며 물었다.

"그야 그렇지만……."

현귀가 말꼬리를 흐렸다.

"네가 개념을 떠올려야 네 개념 원구가 네 마음과 통하게 되어 위치 추적기로 개념 큐브의 위치를 파악할 수 있어."

메타가 손목의 슈퍼컴을 흔들며 말했다.

광원이 있어야 볼 수 있어

◎◎◎ "저게 무슨 말이냐?"

집 안에서 들리는 대화를 엿듣던 다맹글어 박사가 투팍에게 물었다. 조금 전 현귀의 집에 도착한 두 악당은 들어가지 못하고 밖에 숨어 있었다. 뜻밖에 안드로메다 요원들이 집 안에 있었던 것이다.

"현귀가 그림자도 없고 체온도 없는 흡혈귀라는데요?"

"사람이 그럴 수도 있나?"

"저야 모르죠. 이제 그만 돌아가요. 이러다 들키겠어요."

투팍은 다맹글어 박사를 졸랐다. 요원들이 버티고 있는 곳에 들어갈 자신이 없었다. 그러나 박사의 생각은 달랐다.

"여기까지 왔는데 핫팩은 가져가야지!"

무엇 때문인지 몰라도 박사의 핫팩에 대한 집착은 대단했다.

"에휴, 지금 그게 문제가 아니라니까요."

"그게 문제라니까! 난 핫팩을 꼭 가져가야겠어."

박사의 광기 어린 눈빛을 본 투팍은 그냥 돌아가기는 틀렸다는 생각이 들었다.

"할 수 없죠. 그럼……."

투팍은 현귀의 개념 큐브를 꺼냈다.

"이번에는 빛을 다 없애 버려야겠네요."

"왜?"

"도둑질은 밤에 해야 제맛이니까요. 핫팩을 몰래 훔치려면 사방이 어두운 편이 좋지 않겠어요?"

"역시 우주 최강 도둑이야. 그쪽으론 두뇌 회전이 아주 빠르군."

다맹글어 박사가 감탄했다.

칭찬인지 아닌지 헷갈려 하며 투팍은 블랙 큐브를 쓰다듬었다. 안개같은 바이러스가 허공으로 스멀스멀 피어오르고 있었다. 바이러스가 넓게 퍼져 나가면서 하늘에 떠 있던 해가 빠르게 사라졌다. 주변도 점점 어두워졌다.

한창 대화를 나누고 있던 요원들과 현귀는 갑작스럽게 빛이 사라지자 깜짝 놀랐다. 한순간 현귀의 집도 어두워진 것이다.

"아니, 이게 무슨 일이지?"

어둠속에서 아작이 말을 했다.

"아무것도 보이지 않아요. 우리 이제 어떡해요?"

현귀도 당혹스럽게 말했다.

"어떻게 하긴. 불을 켜면 되잖아! 너희 집이니까 스위치가 어디 있는지쯤은 알 거 아냐?"

메타의 목소리였다.

"아차!"

깜깜하면 불을 켜면 되는 건데……. 개념을 안드로메다로 보내서인지 현귀는 바보가 된 기분이었다. 현귀는 손으로 벽을 더듬거리며 스위치를 찾았다.

"잠깐, 아직 켜지 마!"

메타가 갑자기 현귀를 말렸다.

"왜요?"

스위치에 찾아 손을 얹은 현귀가 어둠 속에서 물었다.

"빛이 없으면 사람은 아무것도 보지 못해. 그 이유를 알고 있니?"

"그런 거 관심 없다니까요."

현귀는 탁 하고 스위치를 올렸다. 몇 번의 깜빡임 끝에 형광등에 불이 들어왔다. 주의가 다시 환해졌다.

"바로 저것 때문이야."

메타는 형광등을 가리키고 있었다.

"형광등이 지금 현재로서는 광원이지."

"광원이요?"

"스스로 빛을 내는 물체 말이야. 태양이나 별과 같이 자연적으로 빛을 내는 것과 전등, 네온사인, 휴대 전화 액정 등과 같이 인공적으로 빛을 내는 것 모두 광원에 해당하지. 아참, 달은 광원이 아니야. 스스로 빛을 내지 못하고 태양 빛을 반사할 뿐이거든."

그 말에 현귀가 조금 관심을 갖는 듯 말했다.

"결국 빛이 없으면 사람은 아무것도 보지 못하는 건가요? 바로 조금 전처럼?"

메타는 고개를 끄덕였다.

"그래. 어둠 속에서 아무리 물체를 보고 싶다고 노력한들 우리가 눈에서 빛을 쏘지 않는 한 볼 수 없지."

"눈에서 빛을 쏘는 외계인

이 나오는 영화를 본 적이 있는데, 혹시……?"

현귀가 아작과 메타의 아래위를 훑어보며 말했다.

"에이, 우린 그런 외계인 아냐!"

아작이 인상을 팍 구기며 말했다.

"여하튼 우리가 물체를 본다는 건 '물체에 빛이 비추었을 때 물체 표면에서 반사된 빛을 보는 것'임을 잊지 말라고."

메타가 다시 강조하며 말했다.

"메타, 그런데 지금 중요한 건 그게 아니야."

아작이 창문의 커튼을 걷으며 말했다.

"지금 오후 3시인데 밖을 봐. 한밤중도 아닌데 아주 깜깜해."

"뭐라고? 이게 어떻게 된 거야? 정상으로 돌아온 거 아니었어?"

메타의 말에 아작이 고개를 저었다.

"아니야. 그 반대로 된 것 같아. 어둠이 시작된 거라고."

"투팍 이 녀석, 장난이 심하군. 도대체 어디 숨어 있는 거야?"

분개한 메타가 큰소리로 외쳤다.

멀리 갈 것도 없이 투팍은 바로 현귀네 집 창문 아래에 숨어 있었다. 투팍의 얼굴은 하얗게 질려 있었다. 주변이 어두워지면 몰래 집 안으로 들어가 핫팩을 훔칠 수 있을 줄 알았는데 뜬금없이 형광등이 켜진 것이다. 계산 착오였다.

옆에서 다맹글어 박사가 혀를 끌끌 차고 있었다.

"네 녀석이 하는 짓이 그렇지 뭐."

투팍은 변명할 말이 없었다. 다맹글어 박사의 불만을 잠재우려면 어떻게든 핫팩을 구해 와야 했다.

"몰래 들어갔다 올게요."

"그건 자신 있냐?"

"이래 봬도 우주 최강 악당이잖아요."

"우주 최강 도둑이지. 아참, 그 소문도 들었다. 소행성 B-612의 어린 왕자 팬티도 네가 훔쳤다며?"

"그건 기증 받은 거예요. 마침 제 팬티에 구멍이 나서요."

"쯧쯧, 얼마나 없어 보였으면 입던 팬티를 다 줬겠냐? 차라리 훔쳤다고 해라. 빨리 핫팩이나 가져와!"

투팍은 떠밀리듯이 벽을 타고 올라갔다. 다맹글어 박사가 얄미워서 죽을 지경이었다.

2층으로 올라온 투팍은 발소리를 죽인 채 여기저기를 뒤졌다. 그리고 복도 끝의 창고에서 핫팩이 가득 들어 있는 상자를 발견했다.

'찾았다. 아호호홍!'

투팍은 금세 기분이 좋아져 속으로 신 나게 웃었다. 그때였다.

"여기서 뭐해요?"

뒤에서 갑자기 들려온 소리에 투팍의 심장이 쿵 떨어졌다. 돌아보니 현귀가 의아한 얼굴로 서 있었다.

"너, 너……. 여, 여기 웬일이냐?"

투팍이 더듬거리며 묻자 현귀가 어처구니없다는 듯 말했다.

"여긴 우리 집이거든요. 아저씨야말로 여기서 뭐하는 거예요? 그 품 안에 든 것은 혹시……? 읍!"

투팍은 현귀의 입을 강제로 막았다. 현귀가 소리라도 질러서 요원들이 달려오면 피할 길이 없었다. 다시 안드로메다의 감옥으로 간다고 생각하니 끔찍했다. 그럴 수는 없었다. 투팍은 핫팩을 품 안에 넣고 현귀를 안은 채 2층에서 뛰어내렸다.

다맹글어 박사는 혼자 올라갔다가 둘이 되어 나타난 투팍을 놀란 눈으로 바라보았다.

"빨리 이곳을 떠나요!"

투팍이 재촉했다.

흡혈귀의 저주에서 벗어나는 법

◎◎◎ 현귀의 집에서 멀리 떨어진 곳까지 도망치고서야 투팍 일행은 한숨을 돌릴 수 있었다. 현귀의 입을 막고 있던 손을 떼자 현귀가 매섭게 쏘아붙였다.

"지금 뭐하는 거예요? 왜 날 잡아가요!"

"음, 그건 말이지……."

요원들이 무서워서라고 말하기엔 체면이 서지 않았다. 마침 적당한 핑계거리가 떠올랐다.

"네가 흡혈귀라 그림자가 안 생긴다고 들었다."

"그런데요?"

현귀는 기분 나쁜 표정으로 물었다.

"이 분이 그림자가 생기게 도와줄 거다."

투팍이 다맹글어 박사를 가리키며 말했다.

"뭐 내가?"

다맹글어 박사는 깜짝 놀라 물었다. 하지만 투팍은 아랑곳하지 않고 계속 자기 말만 했다.

"이 분은 우주 최강 발명가거든. 멋진 망토도 만들고, 투명 우주선도 만들고 뭐든 다 만들 수 있어."

투팍의 칭찬이 싫지는 않은 듯, 다맹글어 박사도 우쭐한 표정으로 듣고 있었다.

"그래서 제 그림자도 만들어 줄 수 있다고요?"

현귀가 믿기지 않는다는 표정으로 말했다.

"그림자 정도야 아주 쉽지. 박사님 그렇죠?"

"그림자? 흠흠……. 그 까짓것 뭐, 대충 검게 만들면 되는 거 아니냐?"

뭐든 다 만들 수 있다고 투팍이 자랑했는데 이제 와서 못하겠다고 할 수는 없었다. 의심으로 가득했던 현귀의 얼굴이 조금씩 펴졌다. 체온은 둘째 치고 그림자라도 돌아온다면 정말 고마운 일이었다.

"그런데 도대체 그림자는 왜 생겨서 절 이렇게 힘들게 하는 거죠? 그림자 따위 다 없어지면 모두가 편할 텐데."

그런 현귀를 보며 박사가 유식한 척 떠들어 댔다.

"빛이 있는 한 그림자가 없어질 일은 없지. 왜냐하면 그림자란 빛이 지나가는 자리에 물체가 있을 때 빛이 통과하지 못해 물체 뒤쪽으로 생기는 거니까. 그림자는 항상 빛이 비치는 반대편에 생긴다고 보면 돼."

"와아."

박사의 진지한 모습에 현귀가 감탄했다.

"그런데 이건 물체가 불투명할 때 이야기야. 투명한 물체는 빛이 통과하기 때문에 그림자가 생기지 않지. 그런데 네 몸은 불투명한데도 불구하고 그림자가 없다는 게 문제야!"

"그게 저도 답답해요."

현귀도 맞장구쳤다. 다맹글어 박사가 자신의 문제를 해결할 수 있는 놀라운 발명품을 만들어 줄 것 같았다.

"잠깐 기다려라."

현귀의 기대에 부응하듯 박사가 옷 안에서 공구를 잔뜩 꺼냈다. 자르고 색칠하고 바쁘게 움직이며 뭔가를 만들기 시작했다. 투팍도 박사가 멋진 발명품을 내놓을 것이라 기대하고 기다렸다. 한참을 뚝딱거린 뒤 박사가 얼굴에 미소를 지으며 뭔가를 내밀었다.

"짠! 휴대용 그림자야."

사람 윤곽 모양의 검은색 나무 판이었다.

"이게 뭐예요?"

현귀가 고개를 갸웃거리며 물었다.

"딱 보면 모르냐? 네 그림자잖아. 너하고 키와 모습이 아주 비슷하지?"

"이게 무슨 그림자에요? 그냥 검은색 나무판이죠."

현귀가 불만을 터뜨리자 다맹글어 박사는 나무판을 들더니 현귀 뒤쪽에 내려놓았다.

"지금은 어두워서 잘 보이지 않지만 대낮에 보면 사람들이 감쪽같이 속을 거다."

"설마 이걸 항상 들고 다니면서 내 뒤쪽에 던져 놓으라는 것은 아니겠죠?"

현귀는 불안한 목소리로 박사에게 물었다.

“빙고!”

다맹글어 박사는 현귀의 기대를 무참히 밟아 버렸다. 당황스럽기는 투팍도 마찬가지였다. 대단한 발명품이 나올 줄 알았는데 이건 초등학생의 작품에도 못 미치는 조잡한 물건이었다.

“한낮이랑 해가 질 때쯤이랑은 그림자 길이가 다를 텐데 그건 어떻게 해결할 수 있어요?”

“그게 무슨 큰 문제라고……. 길고 짧은 휴대용 그림자를 몇 개 더 만들어

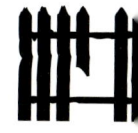

서 같이 들고 다니면 간단하잖아!"

아무렇지도 않게 답하는 다맹글어 박사를 본 현귀는 온 몸의 피가 부글부글 끓어올랐다. 힘만 있으면 몇 대 때려 주고 싶은 심정이었다. 그때 누군가의 목소리가 들렸다.

"이 우주 악당 녀석들!"

투팍 일행이 동시에 돌아봤다. 저 멀리서 아작과 메타 요원이 달려오고 있었다. 투팍의 얼굴이 하얗게 질렸다.

"아니, 여기를 어떻게 알았지? 아차, 내 개념 큐브!"

투팍이 품에서 블랙 큐브를 꺼내 보니 어느새 세 면에 빛이 들어와 있었다. 다맹글어 박사의 강의 덕분에 빛과 그림자에 대한 개념이 현귀에게 돌아온 것이다. 덕분에 요원들은 큐브 위치 추적기로 일행의 위치를 찾을 수 있었다. 그 순간 투팍의 손에서 큐브를 탁 채가는 손길이 있었다. 돌아보니 현귀였다.

"어른 것을 빼앗아 가다니……. 이리 내놔!"

투팍이 돌려달라고 손짓을 했다.

"원래 내 것이잖아요!"

현귀가 외쳤다.

"넌 흡혈귀니까 개념 큐브 따윈 필요 없잖아!"

"뭐라고요?"

현귀는 몸속의 피가 더욱 뜨거워지는 것을 느꼈다. 현귀의 눈동자가 빨개지더니 송곳니가 돌출되기 시작했다. 완전한 흡혈귀의 모습으로 변하고 있던 것이다.

"으악, 투팍 살려!"

투팍이 깜짝 놀라 외쳤다.

근처에 도착한 요원들도 우주 악당들을 잡는 것도 잊은 채 현귀를 바라보았다. 현귀는 투팍과 다맹글어 박사에게 한 발씩 다가갔다. 두 우주 악당은 목을 물릴까봐 두려워 벌벌 떨었다. 그들에게 가까이 다가가는 현귀의 몸은 점점 더 뜨거워졌다.

'왜 이리 뜨겁지?'

급하게 오르는 열을 견디지 못하고 현귀는 바닥에 쓰러졌다. 땅의 차가운 느낌이 피부를 통해 느껴졌다.

'땅에서 냉기가 올라오는구나……. 아니지. 그 반대야.'

순간 예전에 알고 있던 열에 대한 개념이 떠올랐다.

'찬 물체를 손으로 잡을 때 그것이 차게 느껴지는 이유는 물체의 냉기가 손으로 전해지는 것이 아니라 손에 있는 열이 차가운 물체로 전해지기 때문이라고 했어. 열은 온도가 높은 곳에서 낮은 곳으로 전해지는 에너지이니까. 지금도 바닥에서 냉기가 올라오는 것이 아니라 내 피부로부터 바닥으로 열이 빠져나가고 있는 거야."

현귀는 머릿속으로 열이 전달되는 원리를 떠올렸다.

'그렇다면 지금 나한테 체온이 있다는 거야? 내가 바닥보다 따뜻하다는 거야?'

그 생각을 끝으로 현귀는 정신을 잃었다. 개념이 또다시 돌아오니 현귀

가 들고 있던 개념 큐브의 마지막 네 번째 면에 불이 번쩍하고 들어왔다. 그리고 큐브 전체에 무지갯빛이 번갈아 들어오기 시작했다. 그와 동시에 어둠이 물러가더니 엄청난 한파가 몰려왔다.

"현귀에게 개념이 돌아오니 바이러스로 변한 것들이 원래대로 돌아가는 거야!"

메타가 소리쳤다.

"근데 너무 추워!"

아작이 몸을 움츠리며 말했다.

따뜻했다가 한파가 몰려오자 엄청난 온도 차이에 급속 냉동되듯 몸이 굳는 것 같았다. 그건 요원들이나 악당들이나 마찬가지였다.

"저 녀석들을 잡아야 하는데!"

아작은 몸이 얼어서 꼼짝도 못하고 있는 우주 악당들 쪽으로 다가갔다. 하지만 아작 역시 몸이 얼어 아주 느리게 움직일 수밖에 없었다.

"빠, 빨리 도망쳐야 해요!"

투팍이 다맹글어 박사에게 다급하게 말했다. 하지만 굳어 버린 몸으로 도망치기란 쉽지 않았다.

"아, 좋은 방법이 있다."

다맹글어 박사는 품 안에서 핫팩을 꺼냈다. 그리고 온몸에 탁탁 재빠르게 붙였다. 열이 서서히 올라와 몸이 조금씩 따뜻해졌다. 투팍과 다맹글어 박사는 언 다리가 녹자 재빨리 줄행랑을 쳤다. 안드로메다 요원들은 그걸 보고도 빨리 쫓아갈 수 없었다. 대신 정신을 잃고 쓰러진 현귀에게 가까스로 다가갔다. 몸을 만져 보니 엄청난 열이 느껴졌다.

"현귀의 몸이 불같이 뜨거워!"

아작이 메타에게 말했다.

"으으……."

현귀가 정신이 돌아오는지 작은 신음소리를 냈다. 누군가가 급히 다가오는 발소리가 들렸다. 사냥을 하고 돌아오던 현귀의 아빠였다.

"현귀가 왜 쓰러져 있죠? 당신들 짓인가요!"

아빠는 놀라 물었다. 요원들은 어떻게 설명해야 좋을지 몰라 멍청히 서 있었다.

"아, 아냐. 아빠……."

마침 눈을 가늘게 뜬 현귀가 아빠를 보며 말했다.

"잠시 모험을 했어. 나중에 자세히 말할게."

완전히 정신을 차린 현귀가 겨우겨우 일어났다. 그때였다. 현귀의 몸 뒤로 그림자가 길게 늘어졌다.

"아니? 저건 그림자잖아!"

요원들과 아빠는 깜짝 놀라 현귀를 바라보았다. 현귀도 깜짝 놀라며 자신의 몸 여기저기를 손으로 더듬거렸다.

"체온도 예전처럼 돌아온 것 같아요."

"뭐라고?"

아빠가 현귀의 손을 잡았다. 따뜻했다.

"정말이네. 여기서 무슨 일이 있었던 거냐?"

아빠의 물음에 현귀가 간략하게 이야기를 했다. 다맹글어 박사와 투팍 때문에 너무 화가 나 온몸의 피가 부글부글 끓다가 정신을 잃었다는 이야기였다. 아빠가 고개를 끄덕이며 말했다.

"우리의 저주를 풀 수 있는 방법이 의외로 간단했는지도 모르겠다."

"네? 저주가 풀리다니요?"

"화가 나서 몸 안의 차가운 피가 뜨겁게 끓어오르면 체질이 바뀌게 되는 것 같구나. 화가 나면 괴물로 변하는 헐크처럼 말이야."

"그럼 아빠의 저주도 풀릴 수 있겠네요?"

현귀가 기대에 찬 얼굴로 물었다.

"글쎄, 아빠는 살면서 한 번도 화를 낸 적이 없어서 그 방법을 몰랐는데 며칠 안에 화를 크게 내 봐야겠구나. 하하!"

현귀의 아빠가 웃으며 말했다.

"너라도 저주에서 풀리니 아빠는 정말 기쁘다."

아작과 메타는 서로 마주보고 씨익 웃었다. 현귀의 개념이 탑재되어 개념 큐브와 마음이 이어졌다. 그리고 저주도 풀린 것이다. 이보다 더 좋을 수는 없었다.

아까부터 밝게 빛나고 있던 현귀의 개념 큐브의 뚜껑이 탁 열렸다. 그리고 개념으로 똘똘 뭉친 동그란 무지갯빛 원구가 하늘로 날아올랐다. 그러더니 개념 원구는 현귀의 입안을 향해 날아들었다.

"와, 이거 엄청 맛있는데요? 진작 먹을 걸 그랬어요."

현귀가 입을 크게 벌리고 말했다. 송곳니도 어느새 사라지고 없었다.

"그러게. 더 빨리 개념을 탑재하지 그랬어?"

아작이 씩 웃으며 메타와 손뼉을 마주쳤다.

"개념 배달 임무 완수!"

개념 정리

빛과 그림자

광원
스스로 빛을 내는 물체

광원인 것
태양, 전구, 신호등, 형광등, TV 화면 등

광원이 아닌 것
달, 의자, 음료수, 연필, 가방 등

광원에서 나오는 것이 빛이다.

빛
우리 눈의 신경을 자극해 물체를 볼 수 있도록 하는 것

투명과 불투명
빛을 통과시키는 물질을 투명한 물질이라고 하고, 그렇지 않은 물질을 불투명한 물질이라고 한다.
– 투명한 물질 : 유리, 물, 비닐 등
– 불투명한 물질 : 나무, 종이, 천 등

그림자
빛이 불투명한 물체를 만났을 때 물체의 반대편에는 빛이 닿지 못하여 생긴다. 그림자는 빛이 직진하기 때문에 생긴다. 만약 빛이 직진하지 않는다면 물체의 앞뒤에 골고루 비쳐 그림자가 생기지 않을 것이다.

우리가 물체를 보는 원리
물체를 보기 위해서는 빛이 반드시 필요하다. 광원이 아닌 물체는 스스로 빛을 내지 못하기 때문에 그 물체를 보기 위해서는 주변에 광원이 반드시 있어야 한다. 광원에서 나오는 빛이 물체에 부딪혔다가 다시 튕겨 나오는 것을 반사라고 하는데 우리는 반사된 빛을 통해 물체를 볼 수 있다.

에필로그

"지금 뭐하시는 거예요?"

여기저기 핫팩을 붙인 투팍이 다맹글어 박사에게 물었다. 불신이 가득한 얼굴이었다.

"보면 모르냐? 제품 분석을 하고 있다."

"무슨 제품인데요?"

"하아아아앗~팩!"

"핫팩요? 그건 왜요?"

다맹글어 박사는 주위를 두리번거리더니 투팍의 귀에 대고 은밀하게 속삭였다.

"이제 우린 우주 최강 부자가 될 수 있어."

"그건 또 무슨 말이에요?"

"핫팩이 열을 내는 원리를 샅샅이 분석해서 내가 그대로 만들거니까."

"왜요?"

"이렇게 말해 줘도 모르다니!"

다맹글어 박사는 답답하다는 듯 가슴을 치며 투팍을 보았다.

"이 핫팩을 만들어서 우주에 있는 추운 행성에 팔면 어떻게 되겠냐? 그 행성의 외계인들이 아마 앞다퉈 사려고 달려들 거다."

"핫팩으로 장사를 한다고요?"

"어허, 장사가 아니라 사업이지 사업."

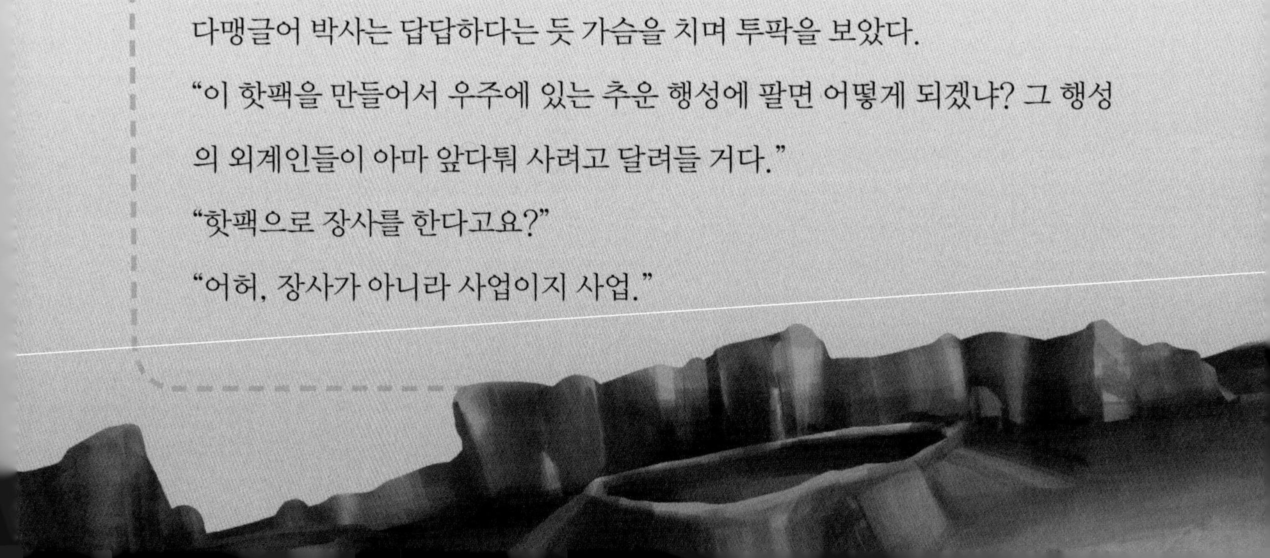

다맹글어 박사는 투팍의 말을 정정하고 핫팩 분석을 계속했다.

"호, 이것 때문에 뜨거워진 것이로군. 그럼 이건 또 뭐지?"

집중하고 있는 다맹글어 박사를 보니 투팍은 한숨만 나왔다.

'그래서 그렇게 핫팩에 집착을 한 것이었어…….'

목표는 지구 정복인데 기껏 핫팩이나 분해하고 있으니 너무 한심해 보였다.

다맹글어 박사는 결국 우주 최강 벼락 부자가 되는 게 목표인 듯했다.

"괜히 다맹글어 박사하고 왔나 봐!"

화성에 쓸쓸히 남아 있을 원팍 형이 그리워졌다.

"혀엉~ 원팍 혀엉~ 보고 싶어!"

"누가 나를 부르나?"

화성에서 큐리오시티와 놀고 있던 원팍은 우주 저 멀리서 들려오는 소리에 귀를 긁적거렸다. 그리고 화성의 하늘을 올려다보며 중얼거렸다.

"싸랑하는 동생은 잘하고 있으려나……. 내가 지구로 가야 하는데!"

초등 과학 교과 연계표

1장 새로운 물질을 찾아 지구로!

3-1-1. 우리 생활과 물질

2장 물질이 뒤죽박죽

3-1-2. 자석의 성질

4-1-4. 모습을 바꾸는 물

3장 대단한 우주선이 완성되었다고?

3-1-1. 우리 생활과 물질

3-1-2. 자석의 성질

3-2-3. 혼합물의 분리

4장 나는 흡혈귀 홍현귀

4-2-3. 열 전달과 우리의 생활

5장 생활 속 열을 찾아라

4-2-3. 열 전달과 우리의 생활

3-2-4. 빛과 그림자

6장 빛이 있어야 그림자가 생기는 법

3-2-4. 빛과 그림자